W0257696

Abhängigkeitsgraph

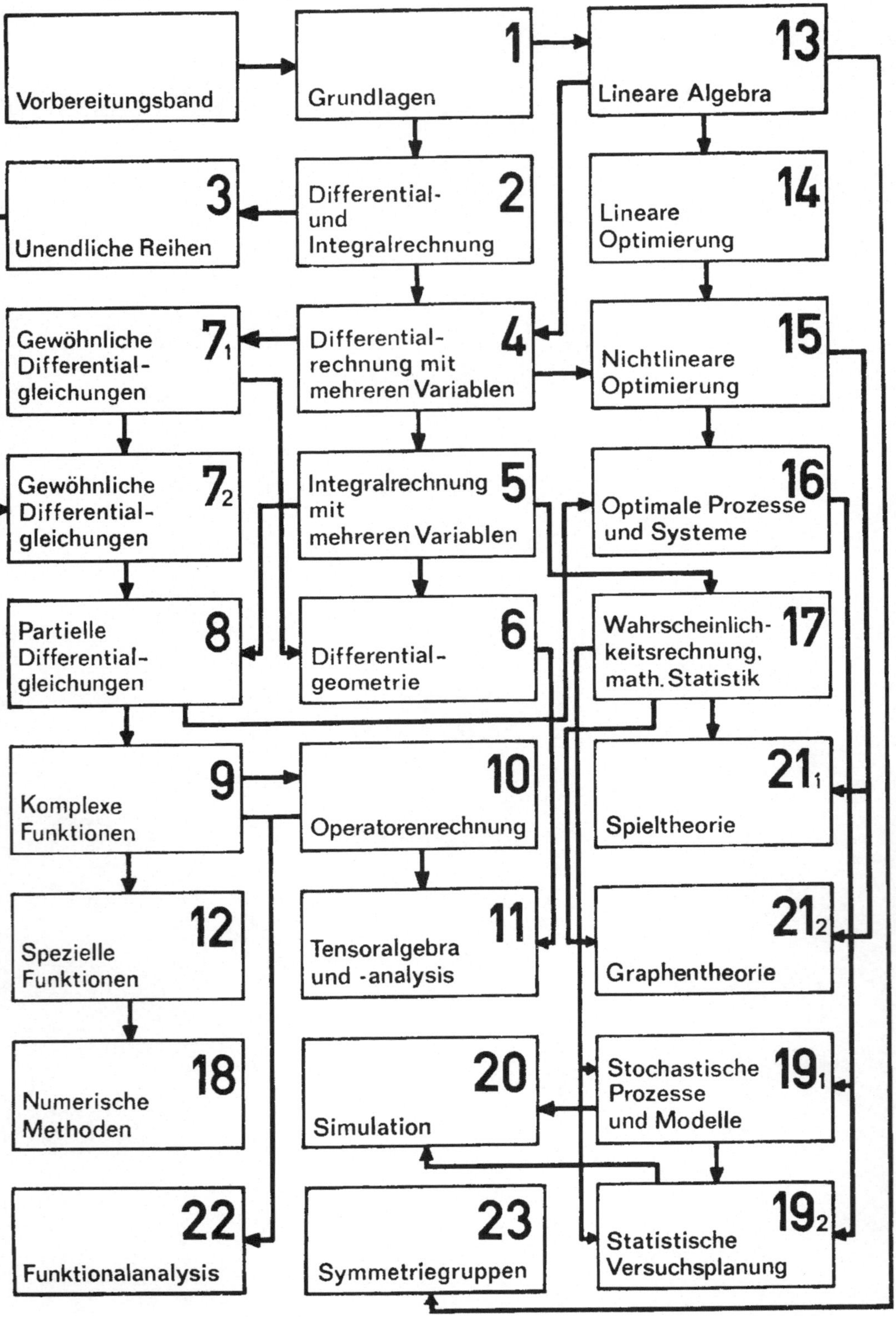

MATHEMATIK FÜR INGENIEURE, NATURWISSENSCHAFTLER,
ÖKONOMEN UND LANDWIRTE · BAND 9

Herausgeber: Prof. Dr. O. Beyer, Magdeburg · Prof. Dr. H. Erfurth, Merseburg
Prof. Dr. O. Greuel † · Prof. Dr. C. Großmann, Dresden
Prof. Dr. H. Kadner, Dresden · Prof. Dr. K. Manteuffel, Magdeburg
Prof. Dr. M. Schneider, Karl-Marx-Stadt · Doz. Dr. G. Zeidler, Berlin

PROF. DR. O. GREUEL†
PROF. DR. H. KADNER

Komplexe Funktionen und konforme Abbildungen

3. AUFLAGE

Springer Fachmedien Wiesbaden GmbH 1990

Das Lehrwerk wurde 1972 begründet und wird seither herausgegeben von:

Prof. Dr. Otfried Beyer, Prof. Dr. Horst Erfurth, Prof. Dr. Otto Greuel †, Prof. Dr. Horst Kadner, Prof. Dr. Karl Manteuffel, Doz. Dr. Günter Zeidler

Außerdem gehören dem Herausgeberkollektiv an:

Prof. Dr. Manfred Schneider (seit 1989), Prof. Dr. Christian Großmann (seit 1989)

Verantwortlicher Herausgeber dieses Bandes:

Dr. rer. nat. habil. Horst Erfurth, ordentlicher Professor an der Technischen Hochschule „Carl Schorlemmer", Merseburg

Autoren:

Prof. Dr. Otto Greuel †

Dr. rer. nat. habil. Horst Kadner, ordentlicher Professor für Mathematische Kybernetik und Rechentechnik an der Technischen Universität Dresden

Am 9. Oktober 1977 wurde der Mitherausgeber dieser Lehrbuchreihe und Autor des Bandes 9, Prof. Dr. Otto Greuel, durch einen tragischen Unglücksfall mitten aus seinem schaffensreichen Leben gerissen. Prof. Dr. Greuel hat mit hohem Einsatz an der Entwicklung der Lehrbuchreihe „Mathematik für Ingenieure, Naturwissenschaftler, Ökonomen und Landwirte" mitgewirkt. Wir werden ihm stets ein ehrendes Andenken bewahren und das Lehrwerk in seinem Sinn weiterführen.

Herausgeber und Verlag

Als Lehrbuch für die Ausbildung an Universitäten und Hochschulen der DDR anerkannt.

Berlin, Mai 1989   Minister für Hoch- und Fachschulwesen

Greuel, Otto:
Komplexe Funktionen und konforme Abbildungen /
O. Greuel ; H. Kadner. – 3. Aufl. – Leipzig :
BSB Teubner, 1990.
(Mathematik für Ingenieure, Naturwissenschaftler,
Ökonomen und Landwirte ; 9)
NE: Kadner, Horst: ; GT

ISBN 978-3-322-00722-3   ISBN 978-3-663-12195-4 (eBook)
DOI 10.1007/978-3-663-12195-4

Math. Ing. Nat.wiss. Ökon. Landwirte, Bd. 9
ISBN 978-3-322-00722-3

© Springer Fachmedien Wiesbaden, 1978
Ursprünglich erschienen bei BSB B. G. Teubner Verlagsgesellschaft, Leipzig in 1978

3. Auflage
VLN 294-375/42/90 · LSV 1034
Lektor: Dorothea Ziegler

Gesamtherstellung: IV/2/14 VEB Druckerei „Gottfried Wilhelm Leibniz", 4450 Gräfenhainichen
Bestell-Nr. 665 783 3

00960

Vorwort zur zweiten Auflage

Die zweite Auflage dieses Lehrbuches wurde vom verantwortlichen Herausgeber der ersten Auflage überarbeitet. An dieser Stelle sei insbesondere Herrn Prof. Dr. H. Poppe für seine wertvollen Änderungsvorschläge zur ersten Auflage gedankt.

Dresden, März 1980 H. Kadner

Inhalt

1. Einführung

Der vorliegende Band enthält die für den Ingenieur und Naturwissenschaftler wichtigsten Gebiete der komplexen Funktionen und konformen Abbildungen.

Die Theorie der komplexen Funktionen (Funktionentheorie) steht als Teilgebiet der Mathematik in wechselseitigen Beziehungen zu fast allen Gebieten der Mathematik und besitzt für viele theoretische sowie praktische Untersuchungen große Bedeutung. Komplexe Funktionen und konforme Abbildungen treten in vielen praktischen Anwendungen der Mathematik auf und stellen für Ingenieure und Naturwissenschaftler unentbehrliche Hilfsmittel dar. Untersuchungen in der Strömungslehre, der Elektrotechnik, der Regelungstechnik, der Elastizitätstheorie und in anderen Gebieten sind heute ohne Anwendung der Funktionentheorie kaum mehr denkbar.

Bedeutende Mathematiker der Vergangenheit, wie z. B. L. Euler (1707 – 1785), J.-L. Lagrange (1736 – 1813), C. F. Gauß (1777 – 1855), A.-L. Cauchy (1789 – 1857), K. Weierstraß (1815 – 1897), B. Riemann (1826 – 1866) u. a. haben entscheidend zur Entwicklung dieses Teilgebietes der Mathematik beigetragen.

Im Band 1 der vorliegenden Reihe wurden die komplexen Zahlen eingeführt, so daß in diesem Band dazu nur eine kurze Ergänzung enthalten ist. Da vor allem Ingenieure und Naturwissenschaftler angesprochen werden sollen, wurde bei der Erarbeitung besonderer Wert auf Anschaulichkeit und praktische Beispiele gelegt. Es findet sicher beim genannten Leserkreis Verständnis, wenn auch durch die notwendige Beschränkung des Umfangs auf viele theoretische Untersuchungen verzichtet werden mußte. Hierzu sei auf die im Anhang genannte Literatur verwiesen. Ziel des vorliegenden Bandes ist es, diejenigen Verfahren und Methoden der Funktionentheorie zu vermitteln, die insbesondere für den angesprochenen Leserkreis von Bedeutung sind. Vollständigkeit konnte dabei natürlich nicht angestrebt werden.

Der Leser wird feststellen, daß sich viele Formeln und Sätze, die bei der Betrachtung reeller Funktionen erhalten wurden, auf das Komplexe ausdehnen lassen und daß Ergebnisse gewonnen werden, die uns weitere Zusammenhänge zwischen den Funktionen vermitteln. Es ist sehr zu wünschen, daß neben den Mühen, die das Studium der Funktionentheorie sicher erfordert, auch die Eleganz und Schönheit funktionentheoretischer Methoden vom Leser erkannt und empfunden werden und daß ihm die Funktionentheorie ein unentbehrliches Hilfsmittel in seiner Arbeit wird.

2. Komplexe Zahlen

2.1. Grundbegriffe

Im Band 1 des Lehrwerkes wurden die wichtigsten Grundbegriffe über das Rechnen mit komplexen Zahlen gebracht. Diese Grundbegriffe werden im folgenden vorausgesetzt.

Unter Berücksichtigung der imaginären Einheit j [1]) mit der Definitionsgleichung

$$j^2 = -1 \tag{2.1}$$

besitzt eine komplexe Zahl z die Form

$$z = a + j\,b = r\,(\cos \varphi + j \sin \varphi) = r\,e^{j\varphi}, \tag{2.2}$$

arithmeti- trigonometri- Exponential-
sche Form sche Form form

wobei $a = \mathrm{Re}\,(z)$ und $b = \mathrm{Im}\,(z)$ reelle Zahlen sind und für den Winkel $\varphi = \arg z$ das Intervall $-\pi < \varphi \leq \pi$ gelten soll. Für den **Betrag** der komplexen Zahl gilt

$$|z| = r = \sqrt{a^2 + b^2} = \sqrt{z\bar{z}}, \tag{2.3}$$

wobei $\bar{z} = a - j\,b$ die **konjugiert komplexe Zahl** zu $z = a + j\,b$ ist.

Da jede komplexe Zahl durch ein Paar reeller Zahlen (a, b) bestimmt wird, kann sie in einer komplexen Zahlenebene, der sog. **Gaußschen Zahlenebene**, als Punkt oder als gerichtete Strecke (vgl. Bild 2.1) dargestellt werden. Derartige gerichtete Strecken in der komplexen Zahlenebene nennt man **Zeiger**. Häufig ist es auch üblich, den komplexen Zahlen zweidimensionale Vektoren zuzuordnen und diese in der Zahlenebene darzustellen.

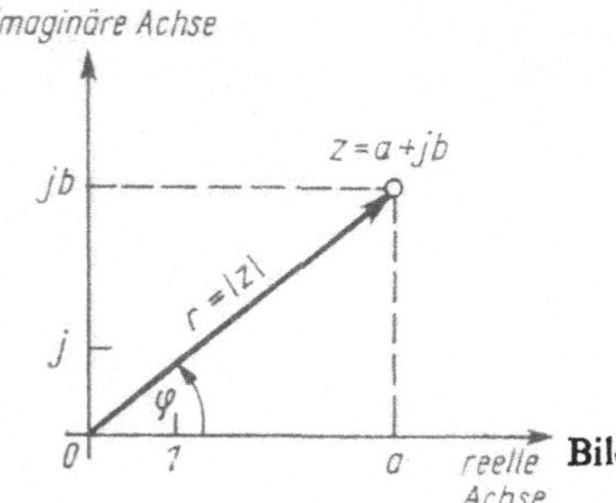

Bild 2.1. Zeigerdarstellung in der komplexen Ebene

Zur Umrechnung der komplexen Zahlen von der arithmetischen in die trigonometrische Form und umgekehrt genügt bei Berücksichtigung der Vorzeichen von a und b ein Quadrant. Aus einem Nomogramm, das man durch Übereinanderlegen eines

---

[1]) Anstelle von i (vgl. Bd. 1) wird j als imaginäre Einheit eingeführt. Diese Bezeichnung ist in der Elektrotechnik üblich, um Verwechslungen mit der Stromstärke i (Momentanwert) zu vermeiden.

kartesischen und eines Polarkoordinatennetzes mit passenden Maßstäben (vgl. Bild 2.2) erhält, werden der zu einem Punkt mit $|\mathrm{Re}\,(z)| = |a|$, $|\mathrm{Im}\,(z)| = |b|$ gehörige Radius r und der Winkel $\tilde{\varphi}$ abgelesen. Den Winkel $\varphi = \arg z$ berechnet man über

$$\tan \tilde{\varphi} = \left|\frac{b}{a}\right| \Rightarrow \tilde{\varphi} = \arctan \left|\frac{b}{a}\right|, \quad 0 \leqq \tilde{\varphi} \leqq \frac{\pi}{2}$$

mit folgender Übersicht:

1. Quadrant	2. Quadrant	3. Quadrant	4. Quadrant
$a > 0, b > 0$	$a < 0, b > 0$	$a < 0, b < 0$	$a > 0, b < 0$
$\arg z = \tilde{\varphi}$	$\arg z = \pi - \tilde{\varphi}$	$\arg z = -\pi + \tilde{\varphi}$	$\arg z = -\tilde{\varphi}$

(2.4)

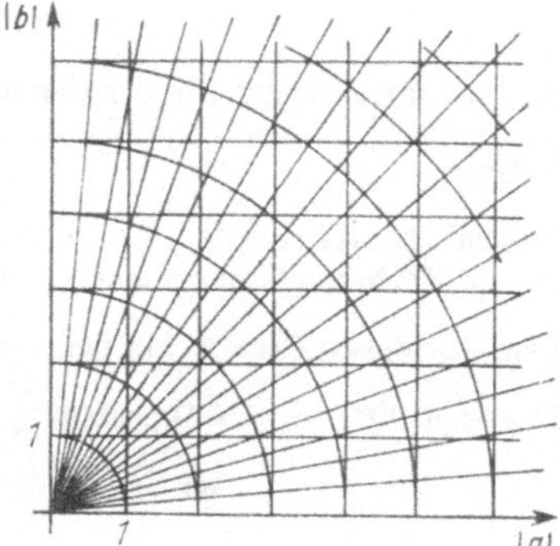

Bild 2.2. Nomogramm zur Umrechnung komplexer Zahlen

Wie in der Einleitung schon erwähnt wurde, spielen die komplexen Zahlen u. a. in der Elektrotechnik eine besondere Rolle. Sowohl in der Nachrichtentechnik als auch in der Starkstromtechnik und in anderen Disziplinen der Elektrotechnik lassen sich viele Probleme in anschaulicher Weise mit Hilfe des Zeigerbildes lösen. Die Anwendung der komplexen Zahlen für die Berechnung von Widerständen soll an einem einfachen Beispiel gezeigt werden.

Beispiel 2.1: Der komplexe Widerstand der in Bild 2.3 dargestellten Schaltung berechnet sich (analog den Gesetzen der Gleichstromlehre) nach $\mathfrak{Z} = \mathfrak{Z}_1 + \dfrac{\mathfrak{Z}_2 \mathfrak{Z}_3}{\mathfrak{Z}_2 + \mathfrak{Z}_3}$. Für $\mathfrak{Z}_1 = (50 + j \cdot 200)\,\Omega$, $\mathfrak{Z}_2 = (20 + j \cdot 100)\,\Omega$ und $\mathfrak{Z}_3 = (80 - j \cdot 100)\,\Omega$ ist der komplexe Gesamtwiderstand in der arithmetischen und in der Exponentialform anzugeben.

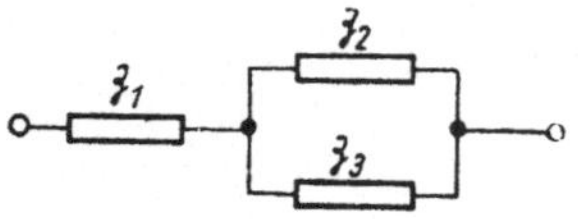

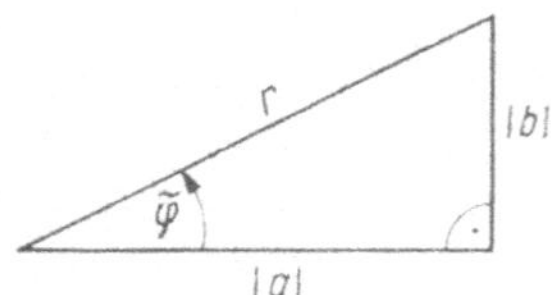

Bild 2.3. Schaltung komplexer Widerstände

Lösung:

$$\mathfrak{Z} = \mathfrak{Z}_1 + \frac{\mathfrak{Z}_2 \mathfrak{Z}_3}{\mathfrak{Z}_2 + \mathfrak{Z}_3}\,;$$

$$\mathfrak{Z}/\Omega = 50 + j \cdot 200 + \frac{(20 + j \cdot 100)(80 - j \cdot 100)}{20 + j \cdot 100 + 80 - j \cdot 100} = 50 + j \cdot 200 + 116 + j \cdot 60,$$

$$\mathfrak{Z}/\Omega = 166 + j \cdot 260.$$

Wirkwiderstand $166\,\Omega$, Blindwiderstand $260\,\Omega$ (induktiv).

Die Umrechnung in die Exponentialform kann mit Hilfe des Rechenstabes erfolgen. Diese Umrechnung beruht darauf, daß $|a|$, $|b|$, r und $\tilde{\varphi}$ Größen im rechtwinkligen Dreieck (vgl. Bild 2.4) sind.

Bild 2.4

Im vorliegenden Beispiel sind $|a| = 166$ und $|b| = 260$.

Wir erhalten $r = 309$ und, da $\varphi = \tilde{\varphi} = 57,5°$ ist, als Gesamtwiderstand in der Exponentialform:

$$\mathfrak{Z}/\Omega = 309\ e^{j \cdot 57,5°} \quad \text{(Scheinwiderstand } 309\,\Omega\text{).}$$

Da $0 < \varphi < \pi$ gilt, hat der Gesamtwiderstand induktiven Charakter.

Für den Bereich $0 \leqq \varphi < 5,7°$ ist beim Ablesen auf dem Rechenstab zu beachten, daß sowohl für $\sin \varphi$ als auch für $\tan \varphi$ die ST-Teilung zu wählen ist. Für diesen Bereich gilt $\tan \varphi < \dfrac{1}{10}$; d. h., $a \gg b$, und damit folgt $r \approx a$. Analog gilt für $84,3° < \varphi \leqq 90°$ $\tan \varphi > 10$, d.h. $a \ll b$ und $r \approx b$.

2.2.   Beträge. Ungleichungen

Der Betrag einer komplexen Zahl war in (2.3) erklärt worden. Beachten wir, daß $|e^{j\varphi}| = \sqrt{\cos^2 \varphi + \sin^2 \varphi} = 1$ gilt, dann folgt mit $r_1 = |z_1|$ und $r_2 = |z_2|$:

$$|z_1 z_2| = |r_1\,e^{j\varphi_1} r_2\,e^{j\varphi_2}| = r_1 r_2\,|e^{j(\varphi_1 + \varphi_2)}| = r_1 r_2,$$

$$|z_1|\,|z_2| = |r_1\,e^{j\varphi_1}|\,|r_2\,e^{j\varphi_2}| = r_1 r_2.$$

Somit erhält man

$$|z_1 z_2| = |z_1|\,|z_2|. \tag{2.5}$$

Analog gilt

$$\left|\frac{z_1}{z_2}\right| = \frac{|z_1|}{|z_2|}, \quad z_2 \neq 0. \tag{2.6}$$

Um einige für das Rechnen mit Beträgen komplexer Zahlen geltende Ungleichungen herzuleiten, betrachten wir die Addition zweier Zeiger im Bild 2.5. Da in jedem

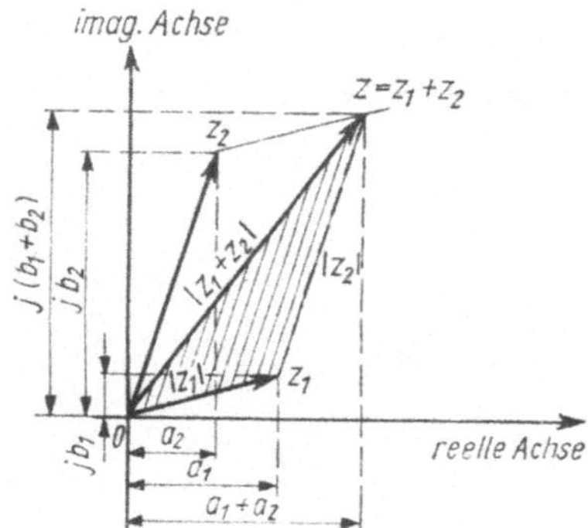

Bild 2.5. Addition komplexer Zahlen

ebenen Dreieck eine Dreieckseite kleiner oder gleich der Summe der anderen beiden Dreieckseiten ist, folgt aus Bild 2.5 die sogenannte **Dreiecksungleichung**

$$|z_1 + z_2| \leqq |z_1| + |z_2|. \tag{2.7}$$

Durch mehrfache Anwendung dieser Formel ergibt sich

$$|z_1 + z_2 + \ldots + z_n| \leqq |z_1| + |z_2| + \ldots + |z_n|.$$

Weiter folgt

$$|z_1| = |z_1 - z_2 + z_2| \leqq |z_1 - z_2| + |z_2| \Rightarrow |z_1 - z_2| \geqq |z_1| - |z_2|.$$

Da auch $|z_2 - z_1| \geqq |z_2| - |z_1|$ und $|z_1 - z_2| = |z_2 - z_1|$ gelten, ergibt sich die Ungleichung

$$|z_1 - z_2| \geqq \big||z_1| - |z_2|\big|. \tag{2.8}$$

Daraus folgt wegen $|z_1 + z_2| = |z_1 - (-z_2)| \geqq \big||z_1| - |-z_2|\big|$

$$|z_1 + z_2| \geqq \big||z_1| - |z_2|\big|. \tag{2.9}$$

Aus der Dreiecksungleichung erhalten wir

$$|z_1 - z_2| = |z_1 + (-z_2)| \leqq |z_1| + |-z_2|,$$

$$|z_1 - z_2| \leqq |z_1| + |z_2|. \tag{2.10}$$

Aus (2.3) folgt

$$|\mathrm{Re}\,(z)| \leqq |z| \quad \text{und} \quad |\mathrm{Im}\,(z)| \leqq |z|. \tag{2.11}$$

Beispiel 2.2: Zu beweisen ist die Identität

$$|z_1 + z_2|^2 + |z_1 - z_2|^2 = 2(|z_1|^2 + |z_2|^2),$$

wobei z_1, z_2 beliebige komplexe Zahlen sind.

Lösung:

Mit (2.3) und $\overline{z_1 \pm z_2} = \bar{z}_1 \pm \bar{z}_2$ gilt

$$|z_1 + z_2|^2 + |z_1 - z_2|^2 = (z_1 + z_2)(\bar{z}_1 + \bar{z}_2) + (z_1 - z_2)(\bar{z}_1 - \bar{z}_2)$$

$$= 2(z_1\bar{z}_1 + z_2\bar{z}_2) = 2(|z_1|^2 + |z_2|^2). \quad \blacksquare$$

Aufgabe 2.1: Von folgenden Ausdrücken sind die absoluten Beträge zu bilden:

a)
$$z = \frac{(1 - j)(3 + 4j)}{(1 + j)(-2 - 2j)},$$

b)
$$\mathfrak{Z} = \frac{(R_1 + j\omega L)\left(R_2 + \dfrac{1}{j\omega C}\right)}{R_1 + j\omega L + R_2 + \dfrac{1}{j\omega C}} \quad (R_1, R_2, \omega, L, C \text{ reell}).$$

2.3. Die Riemannsche Zahlenkugel

Bisher hatten wir die komplexen Zahlen in der Zahlenebene dargestellt. Insbesondere für die Betrachtung komplexer Zahlen mit sehr großem absoluten Betrag erweist sich eine weitere Darstellungsmöglichkeit als vorteilhaft. B. Riemann schlug als erster vor, durch stereographische Projektion die Zahlenebene umkehrbar eindeutig auf eine Kugel, die sogenannte Zahlenkugel, abzubilden. Wir betrachten eine Kugel vom Radius 1, deren Mittelpunkt mit dem Nullpunkt der Zahlenebene zusammenfällt (vgl. Bild 2.6). Jeder Punkt P der Zahlenebene wird mit dem Pol N' der

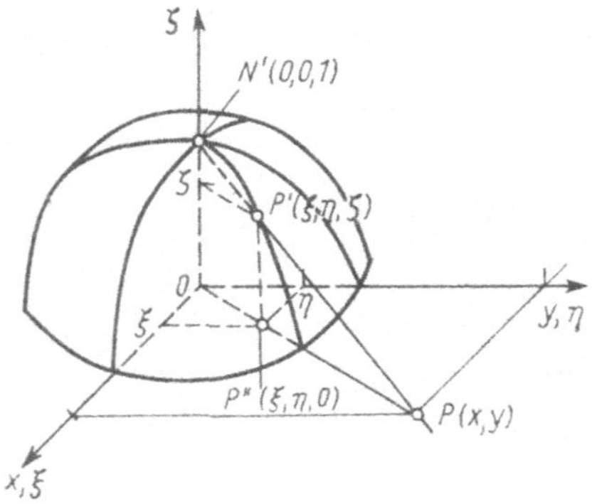

Bild 2.6. Riemannsche Zahlenkugel

Kugel verbunden, dadurch wird die Kugel eindeutig in einem Punkt P' geschnitten. Umgekehrt entspricht jedem Punkt P' der Kugel, wenn wir zunächst N' außer acht lassen, eindeutig einem Punkt P der Zahlenebene. Die Zuordnung ist also eineindeutig.

Dabei wird die untere Halbkugel auf das Innere des Einheitskreises der Zahlenebene und die obere Halbkugel auf das Äußere des Einheitskreises abgebildet. Wir vereinbaren noch, daß dem Punkt N' (Nordpol) der Punkt $z = \infty$ entsprechen soll. Dieser Punkt unterscheidet sich in nichts von den anderen Punkten der Zahlenkugel. Damit wird die Zahlenebene durch einen einzigen Punkt $z = \infty$ abgeschlossen. Die Zahlenebene geht in die sog. „Vollebene" oder auch „funktionentheoretische Ebene" über. Ebenso wie der Nordpol der Riemannschen Zahlenkugel gegenüber den anderen Punkten der Kugel nicht ausgezeichnet ist, ist auch der Punkt $z = \infty$ nicht gegenüber den komplexen Zahlen ausgezeichnet.

Dem Einheitskreis der Ebene entspricht der Äquator der Kugel, dem tiefsten Punkt S' (Südpol) der Kugel der Punkt $z = 0$.

Man sieht außerdem ohne weiteres, daß die Breitenkreise der Kugel in Kreise der Ebene um den Nullpunkt und die Meridiane der Kugel in Geraden durch den Nullpunkt übergehen. Verbinden wir N' mit den Punkten einer Geraden g in der Ebene, dann bilden N' und g eine Schnittebene, die von der Kugel einen Kreis abschneidet. Geraden der Ebene gehen also in Kreise durch N' auf der Kugel über. Es soll nun noch gezeigt werden, daß die betrachtete eineindeutige Abbildung der Vollebene auf die Zahlenkugel **winkeltreu** ist, d. h., zwei beliebige Kurven in der Zahlenebene schneiden sich unter demselben Winkel wie die entsprechenden Bildkurven auf der Kugel und umgekehrt. Schneiden sich in der Ebene zwei Geraden g_1 und g_2 im Punkt P unter dem Winkel φ, so schneiden sich die entsprechenden Bildkreise g_1 und g_2 auf der Kugel im Punkt P' und natürlich auch in N' unter dem gleichen Winkel $\varphi' = \varphi$, denn werden in N' die Tangenten an die beiden Bildkreise angelegt, dann verlaufen dieselben parallel zu g_1 und g_2, da die Tangentialebene der Kugel in N' zur Ebene parallel verläuft (vgl. Bild 2.7).

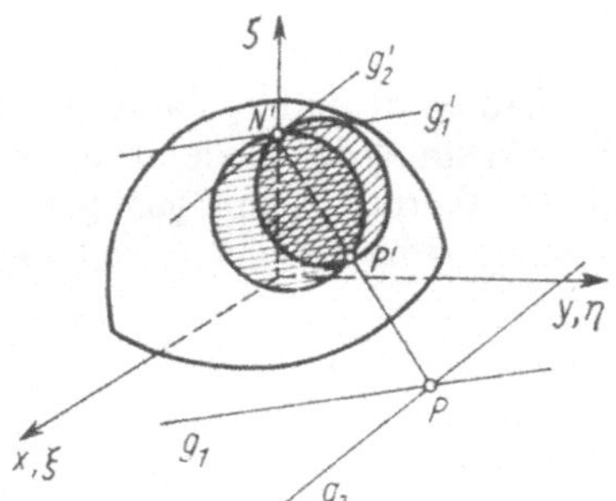

Bild 2.7. Schnitt zweier Ebenen mit der Riemannschen Zahlenkugel

Da jede Tangente in P an eine beliebige Kurve C bei der Abbildung auf die Kugel in einen Kreis durch N' übergeht, der die Bildkurve C' in P' berührt, folgt, daß zwei Kurven C_1' und C_2' auf der Kugel sich unter dem gleichen Winkel wie ihre entsprechenden Bilder C_1 und C_2 der Ebene schneiden.

Ohne Beweis sei noch angegeben, daß die Abbildung der Vollebene auf die Zahlenkugel auch **kreisverwandt** ist, jedem Kreis auf der Zahlenkugel entspricht in der Vollebene ebenfalls ein Kreis bzw. als Sonderfall eine Gerade (Kreis mit unendlich großem Radius).

2.4.   Punktmengen

In 2.1. hatten wir gezeigt, daß die komplexen Zahlen als Punkte der Zahlenebene oder als Punkte der Zahlenkugel gedeutet werden können. Durch Hinzunahme des Punktes $z = \infty$ hatten wir die Zahlenebene zur Vollebene erweitert. Im folgenden bezeichnen wir mit K die Menge der komplexen Zahlen und mit $\overline{\text{K}}$ die Menge der Punkte der Vollebene, d. h. die Menge der komplexen Zahlen einschließlich $z = \infty$. Wir wollen nun einige Teilmengen betrachten. Zuerst soll die Teilmenge der komplexen Zahlen, die der Beziehung $|z| \leqq d$ ($d > 0$, reell) genügt, geometrisch veranschaulicht werden. Da $|z|$ die Entfernung des Punktes z vom Nullpunkt darstellt (vgl. Bild 2.1), liegen alle Punkte z, die der Gleichung $|z| = d$ genügen, auf einem Kreis mit Radius d um den Nullpunkt (vgl. Bild 2.8), während $|z| < d$ für alle im Innern des Kreises liegenden Punkte gilt.

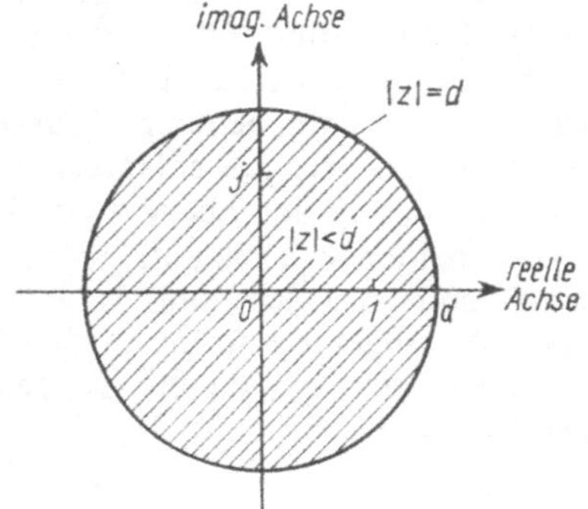

Bild 2.8. Punktmenge $|z| \leqq d$

Bei der Subtraktion der beiden komplexen Zahlen z_1 und z_2 kann man leicht aus dem Bild 2.9 ablesen, daß $|z_1 - z_2|$ gleich dem Abstand der beiden Punkte z_1 und z_2 ist. Ist z_0 ein Punkt der Zahlenebene und $d > 0$, reell, dann genügen diejenigen Punkte der Zahlenebene, die von z_0 den Abstand d haben, der Gleichung

$$|z - z_0| = d. \tag{2.12}$$

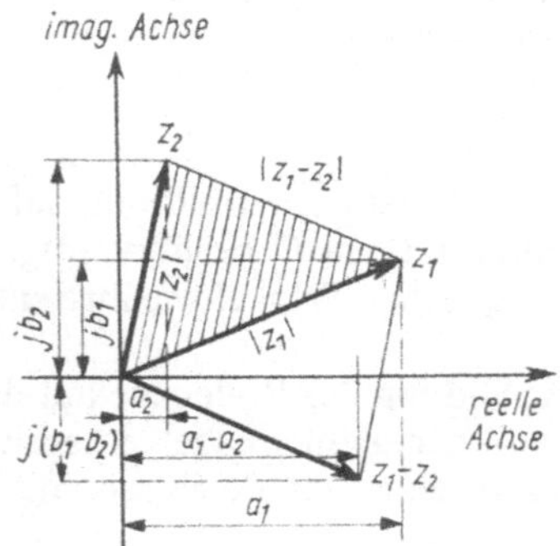

Bild 2.9. Subtraktion komplexer Zahlen

(2.12) stellt somit die **Gleichung eines Kreises** um z_0 mit Radius d dar (vgl. Bild 2.10). Die Punkte im Innern des Kreises genügen der Ungleichung

$$|z - z_0| < d. \tag{2.13}$$

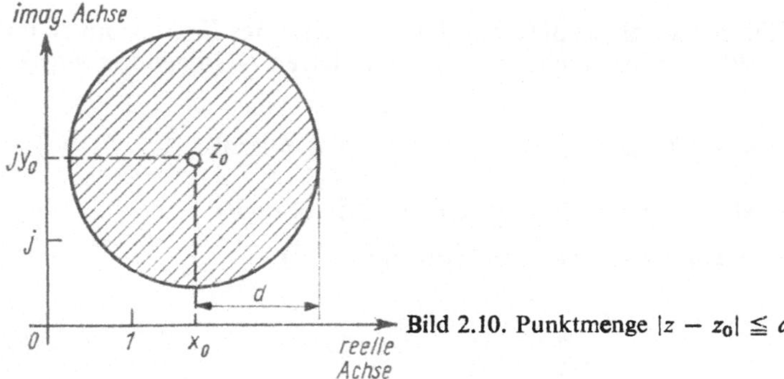

Bild 2.10. Punktmenge $|z - z_0| \leqq d$

Wie einleitend im vorliegenden Band schon betont wurde, können viele Erklärungen, Formeln und Sätze aus dem Reellen in das Komplexe formal übertragen werden. Analog den Betrachtungen im Reellen sollen nun einige Begriffe eingeführt werden (vgl. u. a. Band 4).

1. *Eine Menge $M \subseteqq K$ von komplexen Zahlen nennt man* **beschränkt,** *wenn für jedes $z \in M$ und $k > 0$, reell,*

$$|z| < k \tag{2.14}$$

gilt.

Geometrisch bedeutet dies, daß alle die komplexen Zahlen zur genannten beschränkten Menge gehören, die im Innern des Kreises mit Radius k um den Nullpunkt liegen.

2. *Unter einer kreisförmigen ε-***Umgebung** *eines Punktes z_0 der Zahlenebene verstehen wir alle diejenigen Punkte, die der Bedingung*

$$|z - z_0| < \varepsilon \tag{2.15}$$

genügen (vgl. Bild 2.11). *Der Kreis um z_0 mit Radius ε selbst gehört dabei nicht*

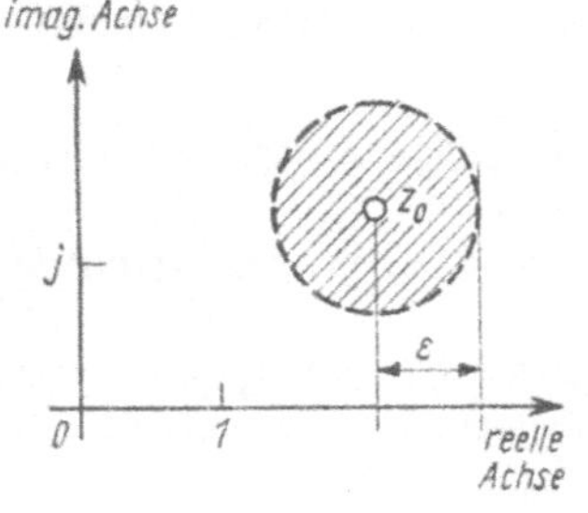

Bild 2.11. Kreisförmige ε-Umgebung von z_0

mit zur ε-Umgebung und wurde deshalb gestrichelt gezeichnet.
Die **punktierte** *ε-***Umgebung** *von z_0 wird durch*

$$0 < |z - z_0| < \varepsilon \qquad (2.16)$$

charakterisiert.

Hier gehören also die Punkte auf der Peripherie des Kreises um z_0 mit Radius ε und der Punkt z_0 selbst nicht mit zur punktierten ε-Umgebung von z_0.
Für

$$z_0 = \alpha + \mathrm{j}\,\beta \quad und \quad z = a + \mathrm{j}\,b \quad (\alpha, \beta, a, b \text{ reell})$$

stellt

$$|a - \alpha| < \varepsilon \quad und \quad |b - \beta| < \delta \quad (\varepsilon, \delta > 0, \text{ reell}) \qquad (2.17)$$

eine **Rechteckumgebung** von z_0 dar (vgl. Bild 2.12).

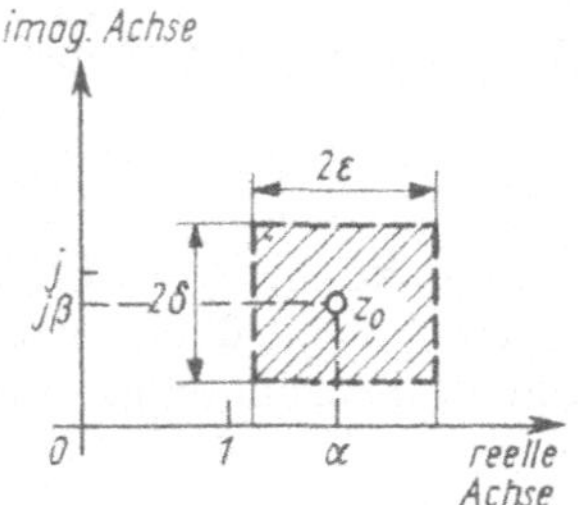

Bild 2.12. Rechteckumgebung von z_0

Wir wollen nun noch den Begriff der (Kreis-) **Umgebung des unendlich fernen Punktes** einführen. Unter einer (Kreis-) Umgebung des unendlich fernen Punktes $z = \infty$ verstehen wir die Gesamtheit der Punkte z, für die die Ungleichung $|z| > \dfrac{1}{\varepsilon}$ gilt. Die Umgebung des unendlich fernen Punktes können wir uns auf der Zahlenkugel als Kugelkappe, deren Mittelpunkt der Nordpol ist, vorstellen.

3. Im Band 1, 10.8., wurde der Begriff Häufungspunkt eingeführt. Analog definieren wir im Komplexen:

Ein Punkt ζ heißt **Häufungspunkt** *der Menge M, wenn in jeder ε-Umgebung von ihm unendlich viele Punkte der Menge M liegen.*

Das heißt, anders ausgedrückt, daß für unendlich viele natürliche Zahlen n bei $\varepsilon > 0$ die Ungleichung

$$|z_n - \zeta| < \varepsilon \qquad (2.18)$$

gilt. Die Häufungspunkte müssen dabei, wie im Reellen auch, nicht unbedingt in M selbst liegen.

4. *Liegt in einer ε-Umgebung eines Punktes z_0 der Menge M kein weiterer Punkt von M, so heißt dieser Punkt* **isoliert.**

Ein Punkt z_0 von M heißt **innerer** *Punkt von M, wenn eine ε-Umgebung von z_0 ganz zu M gehört.*

Ein Punkt z_0 heißt **Randpunkt** *von M, wenn jede ε-Umgebung von z_0 mindestens einen Punkt enthält, der zu M gehört, und mindestens einen, der nicht zu M gehört.*

Die Menge aller Randpunkte von M heißt **Rand** *von M.*

5. *Gehören alle Randpunkte einer Menge M zu M, dann heißt M* **abgeschlossen**, *besteht sie nur aus inneren Punkten, dann heißt M* **offen.**

6. *Eine Punktmenge M heißt* **zusammenhängend,** *wenn je zwei ihrer Punkte durch einen Polygonzug mit nur endlich vielen Eckpunkten verbunden werden können, der ganz in M verläuft.*

An einigen Beispielen sollen die eben eingeführten Begriffe erläutert werden:

Beispiel 2.3: Untersuchen Sie die nachstehend aufgeführten Mengen auf Häufungspunke, isolierte Punkte, innere Punkte und Randpunkte. Geben Sie an, ob die betrachteten Mengen beschränkt, abgeschlossen oder offen sind.

a) $M = \left\{ z = \dfrac{1}{n} \mid n \in \mathbb{N} \wedge n \neq 0 \right\}$, b) $M = \left\{ z \mid \mathrm{Re}\,(z), \mathrm{Im}(z) \text{ ganzzahlig} \right\}$, c) $M = \{ z \mid |z| < 1 \}$.

Lösung:

a) $z = \zeta = 0$ Häufungspunkt. Alle Punkte sind isoliert und Randpunkte. M ist beschränkt $\left(|z| = \dfrac{1}{n} \leq 1 \right)$.

b) Kein Häufungspunkt. Alle Punkte sind isoliert und Randpunkte. M ist nicht beschränkt (vgl. Bild 2.13).

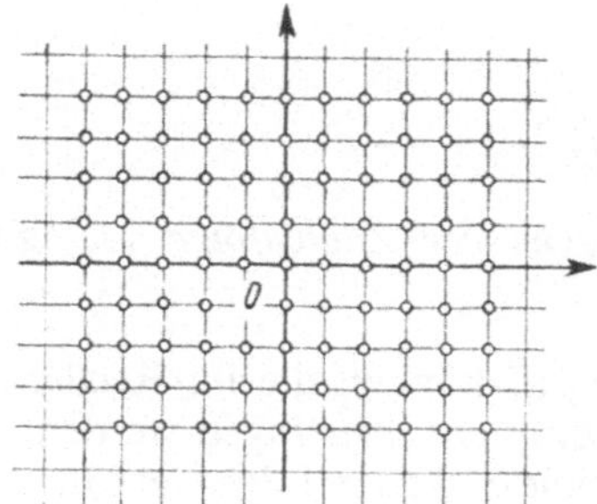

Bild 2.13. Menge isolierter Punkte

c) Alle Punkte (der Einheitskreisfläche) mit $|z| \leq 1$ sind Häufungspunkte. M besteht nur aus inneren Punkten. Für Randpunkte gilt $|z| = 1$ (gehören nicht zu M). M ist offen und beschränkt ($|z| < 1$) (vgl. Bild 2.14).

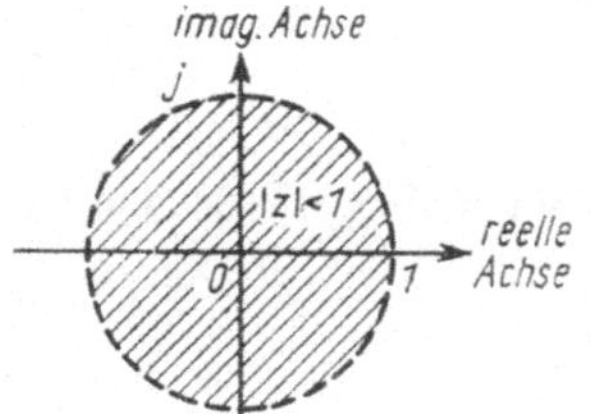

Bild 2.14. Offene und beschränkte Punktmenge $|z| < 1$

An den Beispielen können wir erkennen, daß z. B. in b) die Menge M nicht beschränkt ist und keinen Häufungspunkt besitzt, während in den anderen beiden Beispielen beschränkte Mengen vorliegen und Häufungspunkte auftreten. Eine nichtbeschränkte Menge kann also ohne Häufungspunkte sein. Jedoch gilt für beschränkte unendliche Punktmengen der grundlegende

S.2.1 Satz 2.1 (Satz von Bolzano-Weierstraß): *Jede beschränkte unendliche Punktmenge besitzt wenigstens einen Häufungspunkt.*

Der Beweis dieses Satzes kann über den Bolzano-Weierstraßschen Satz im Reellen (vgl. [9]) oder nach dem Prinzip ineinandergeschachtelter Rechtecke (vgl. [12], Bd. 1) erfolgen.

Den Begriff des Häufungspunktes einer beschränkten unendlichen **Folge** $\{z_n\}$ **komplexer Zahlen** erklärt man folgendermaßen:

In jeder ε-Umgebung eines Häufungspunktes liegen unendlich viele Zahlen der Folge $\{z_n\}$. Der Satz von Bolzano-Weierstraß besagt dann, daß jede beschränkte unendliche Zahlenfolge mindestens einen Häufungspunkt besitzt. Mit diesen Überlegungen läßt sich der Begriff des Grenzwertes einer komplexen Zahlenfolge definieren.

D.2.1 Definition 2.1: *Eine komplexe Zahl* $\gamma = \alpha + j\beta$ *heißt* **Grenzwert** *der Zahlenfolge* $\{z_n\}$, *wenn für jede beliebig klein wählbare Zahl* $\varepsilon > 0$ *die Ungleichung*

$$|z_n - \gamma| < \varepsilon \quad \text{für alle } n \geq N(\varepsilon),$$

also für hinreichend großes n, erfüllt ist.

Man schreibt dafür

$$\lim_{n \to \infty} z_n = \gamma \quad oder \quad z_n \to \gamma \quad für\ n \to \infty \tag{2.19}$$

und bezeichnet diesen Sachverhalt als **Konvergenz** *der Zahlenfolge* $\{z_n\}$ *gegen den Grenzwert* γ.

Unter Bezugnahme auf diesen Grenzwertbegriff können die im Reellen gültigen Sätze über Grenzwerte sinnentsprechend ins Komplexe übertragen werden.

Eine wichtige Konvergenzaussage über komplexe Zahlenfolgen erhält man über den Satz 2.2.

S.2.2 Satz 2.2 (Cauchysches Konvergenzkriterium): *Die notwendige und hinreichende Bedingung für die Konvergenz der Zahlenfolge* $\{z_n\}$ *lautet:*

Für jede beliebig kleine Zahl $\varepsilon > 0$ *existiert eine natürliche Zahl* $N = N(\varepsilon/2)$ *derart, daß für alle* $n \geq N(\varepsilon/2)$ *und* $m > 0$ *die Ungleichung*

$$|z_{n+m} - z_n| < \varepsilon \tag{2.20}$$

erfüllt ist.

Beweis: Falls $\lim\limits_{n \to \infty} z_n = \gamma$ existiert, gibt es eine natürliche Zahl $N = N(\varepsilon/2)$, so daß $|z_n - \gamma| < \varepsilon/2$ für $n \geq N(\varepsilon/2)$ gilt. Mit der Dreiecksungleichung folgt

$$|z_{n+m} - z_n| = |z_{n+m} - \gamma - (z_n - \gamma)| \leq |z_{n+m} - \gamma| + |z_n - \gamma|,$$

also

$$|z_{n+m} - z_n| < \varepsilon/2 + \varepsilon/2 = \varepsilon \quad \text{für } n \geq N(\varepsilon/2).$$

Damit ist die Bedingung (2.20) notwendig. Zum Nachweis, daß (2.20) auch hinreichend ist, schließen wir zunächst aus der erfüllten Bedingung (2.20) auf die Beschränktheit der Folge $\{z_n\}$, denn alle Punkte von $\{z_n\}$ müssen wegen (2.20) vom Punkt z_N an im Inneren des Kreises mit dem Radius ε um den Mittelpunkt z_N liegen. Damit besitzt $\{z_n\}$ nach dem Satz von Bolzano-Weierstraß mindestens einen Häufungspunkt γ_1.

Die Annahme eines weiteren Häufungspunktes $\gamma_2 \neq \gamma_1$ mit einem Abstand $|\gamma_1 - \gamma_2| > 2\varepsilon$ (ε: Schranke aus (2.20)) von γ_1 führt zu einem Widerspruch. Wegen (2.20) können sich außerhalb des Kreises $|z_{N+m} - z_N| < \varepsilon$ nur endlich viele Punkte der Folge $\{z_n\}$ befinden. Daher müssen die beiden Häufungspunkte γ_1, γ_2 im Inneren oder höchstens auf dem Rand dieses Kreises liegen, womit der angenommene Abstand $|\gamma_1 - \gamma_2| > 2\varepsilon$ nicht haltbar ist. Die Folge $\{z_n\}$ besitzt damit nur einen Häufungspunkt. ∎

Eine nichtbeschränkte unendliche Folge $\{z_n\}$ enthält Zahlen, die sich außerhalb eines Kreises um den Nullpunkt mit beliebig großem Radius befinden. Eine derartige Zahlenfolge braucht keinen Häufungspunkt zu besitzen.

Falls sich zu jeder beliebig großen Zahl $p > 0$ eine natürliche Zahl $N(p)$ angeben läßt, so daß $|z_n| > p$ für $n > N(p)$ gilt, dann vereinbaren wir, daß die Zahlenfolge $\{z_n\}$ gegen unendlich strebt, und schreiben

$$\lim_{n \to \infty} z_n = \infty \quad \text{bzw.} \quad z_n \to \infty \quad \text{für } n \to \infty.$$

Beispiel 2.4: Man untersuche die Folge

$$\{z_n\} = \left\{ z_n = \frac{j^{n-1}}{n} \;\middle|\; n = 1, 2, 3, \dots \right\} = \left\{ 1, \frac{j}{2}, -\frac{1}{3}, -\frac{j}{4}, \dots \right\}$$

auf Konvergenz!

Lösung: $|z_{n+m} - z_n| \leq |z_{n+m}| + |z_n| = \dfrac{1}{n+m} + \dfrac{1}{n} < \dfrac{2}{n} \ (m > 0)$. Für $n > N(\varepsilon) = \dfrac{2}{\varepsilon}$ folgt dann $|z_{n+m} - z_n| < \dfrac{2}{n} < \varepsilon$. Die Folge ist also konvergent.

Für das praktische Rechnen ist die Anwendung des folgenden Satzes von Bedeutung:

Satz 2.3: *Eine Folge komplexer Zahlen $\{z_n\} = \{a_n + j\,b_n\}$ strebt dann und nur dann gegen den Grenzwert $\gamma = \alpha + j\beta$, wenn die reellen Zahlenfolgen $\{a_n\}$ und $\{b_n\}$ gegen die Grenzwerte α bzw. β streben.*   S.2.3

Der Beweis kann auf die Untersuchung zweier reeller Folgen $\{a_n\}$ und $\{b_n\}$ zurückgeführt werden.

Zahlenfolgen, die nicht konvergieren, nennt man wie im Reellen **divergent**. Gilt $\lim_{n \to \infty} z_n = 0$, dann liegt eine **Nullfolge** vor.

2.5.   Kurven, Bereiche, Gebiete in der komplexen Zahlenebene

2.5.1.   Kurven

Im Beispiel 2.1 wurde mit Hilfe komplexer Zahlen der Gesamtwiderstand eines einfachen Netzwerkes berechnet und dabei vorausgesetzt, daß die einzelnen Widerstände konstant sind. In der Praxis treten aber in vielen Fällen z. B. Änderungen der Betriebsfrequenzen auf, so daß dadurch Widerstands-, Strom- und Spannungsänderungen hervorgerufen werden, wie man leicht bei Betrachtung der entsprechenden Formeln erkennen kann. Ändert sich beispielsweise in der im Bild 2.15 dar-

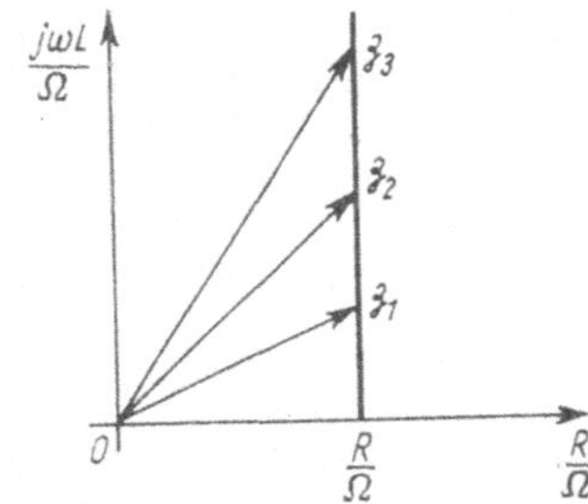

Bild 2.15. Reihenschaltung von Widerständen

gestellten Reihenschaltung die Frequenz, so können die dadurch hervorgerufenen Änderungen des Widerstandszeigers

$$\mathfrak{Z}(\omega) = R + \mathrm{j}\,\omega L \quad 0 \leqq \omega < \infty \quad \text{und} \quad R, L > 0, \text{reell,} \tag{2.21}$$

geometrisch veranschaulicht werden (vgl. Bild 2.16). Da in (2.21) der Realteil konstant ist, wandert die Zeigerspitze auf einer Geraden parallel zur imaginären Achse.

Man kann sich leicht vorstellen, daß z. B. der Widerstandszeiger eines komplizierteren Netzwerkes keine Gerade beschreibt, da das Verhalten des Widerstandes einer solchen Schaltung dann nicht mehr durch solch eine einfache Beziehung wie in (2.21) beschrieben werden kann. Derartige Kurven in der Zahlenebene bezeichnet man in der Elektrotechnik als „Ortskurven".

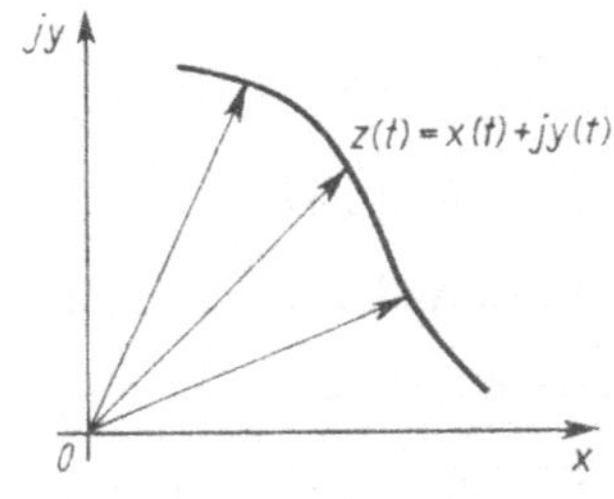

Bild 2.16. Widerstandsortskurve
einer Reihenschaltung

Bild 2.17. Bild einer stetigen Kurve

D.2.2 Definition 2.2: *Sind $x(t)$ und $y(t)$ stetige reelle Funktionen des Parameters t, so heißt die Menge der Punkte, die der Gleichung*

$$z = z(t) = x(t) + \mathrm{j}\,y(t) = r(t)\,\mathrm{e}^{\mathrm{j}\varphi(t)}, \quad t \in [\alpha, \beta], \tag{2.22}$$

genügen, eine **stetige Kurve** *in der Vollebene (vgl. Bild 2.17). Wird dabei vorausgesetzt, daß zwei verschiedenen Werten des Parameters t (mit Ausnahme von $t = \alpha$ und $t = \beta$) stets zwei verschiedene Punkte der Kurve entsprechen, dann liegt eine* **Jordansche Kurve** *vor. Gilt insbesondere $z(\alpha) = z(\beta)$, dann ist die Kurve* **geschlossen.**

Der Punkt z einer stetigen Kurve durchläuft also ausgehend vom Anfangspunkt $z(\alpha)$ die Kurve bis zum Endpunkt $z(\beta)$; dadurch wird eine positive Richtung auf der Kurve bestimmt. Ist die Kurve geschlossen, so sei festgelegt, daß bei positivem Durchlaufen der Kurve die Innenseite der Kurve zur Linken liegt.

Im Bild 2.18 a, b sind stetige Kurven abgebildet. Bild 2.18 a stellt die Gerade

$$z(t) = x(t) + \mathrm{j}\,c, \quad c > 0, \text{reell}, t \in (-\infty, +\infty), \tag{2.23}$$

und Bild 2.18 b den Kreis

$$z(t) = r_0\,(\cos t + \mathrm{j}\,\sin t) = r_0\,\mathrm{e}^{\mathrm{j}t}, \ t \in [0, 2\pi] \tag{2.24}$$

dar.

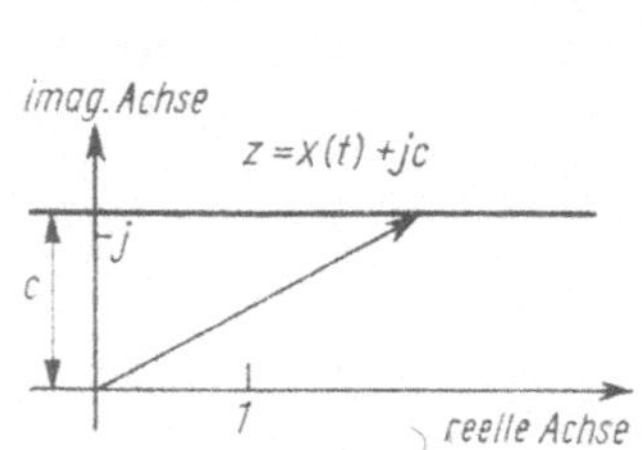

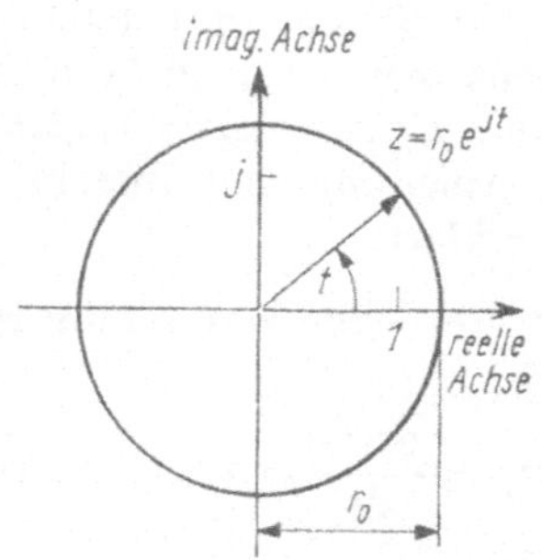

Bild 2.18a. Abbildung der Geraden
$z = x(t) + \mathrm{j}\,c$

Bild 2.18b. Abbildung eines Kreises $z = r_0\,\mathrm{e}^{\mathrm{j}t}$

Die allgemeine Gleichung einer Geraden in Parameterform kann leicht angegeben werden, wenn man sich an die vektorielle Darstellung einer Geraden erinnert [Band 13, 2.3.7.]. Nach Bild 2.19 gilt für g, wenn z_1, z_2 konstante komplexe Zahlen und t ein reeller Parameter sind, die Gleichung

$$(2.25)$$

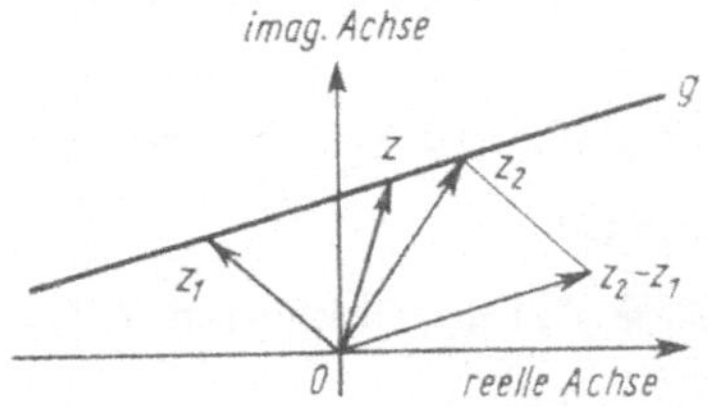

Bild 2.19
Abbildung der Geraden $z = z_1 + t(z_2 - z_1)$

$z_2 - z_1$ liegt parallel zu g, das gilt auch für $t(z_2 - z_1)$, da durch Multiplikation mit t die Richtung von $z_2 - z_1$ nicht geändert wird.

Beispiel 2.5: Für den im Bild 2.20 dargestellten Kreis mit Mittelpunkt z_0 ist die Gleichung in Parameterform anzugeben.

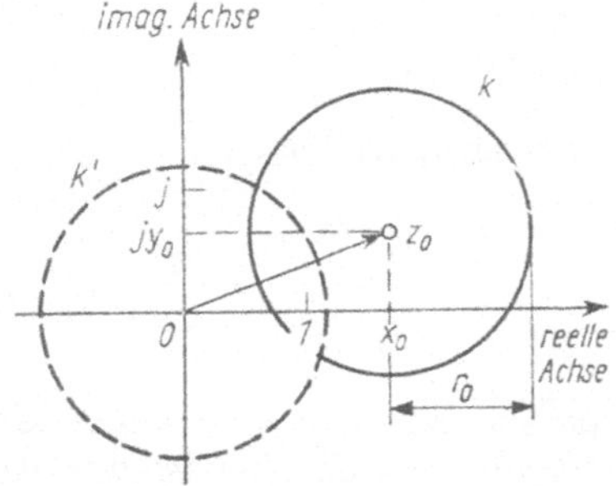

Bild 2.20. Abbildung des Kreises $z = z_0 + r_0\,\mathrm{e}^{\mathrm{j}\varphi}$

Lösung: Für den Kreis k' gilt (2.24). Verschiebt man k' so, daß er mit k zusammenfällt, d. h. addiert man in (2.24) auf der rechten Seite z_0, dann ergibt sich für k die Gleichung

$$z(t) = z_0 + r_0\,(\cos t + \mathrm{j}\sin t) = z_0 + r_0\,\mathrm{e}^{\mathrm{j}t}, \quad t \in [0, 2\pi] \qquad (2.26)$$

oder

$$z(t) = x_0 + r_0 \cos t + \mathrm{j}\,(y_0 + r_0 \sin t). \qquad (2.27)$$

2*

In (2.22) sind $x(t)$ und $y(t)$ stetige reelle Funktionen. Sind beide Funktionen auf einem gemeinsamen Intervall (α, β) definiert, dann bezeichnet man (2.22) als *komplexe Funktion z einer reellen Variablen t*. Analog zum Reellen werden die Begriffe Grenzwert, Ableitung und Integral definiert. Mit $z(t) = x(t) + jy(t)$ und reellen a, b, c wird erklärt:

$$\lim_{t \to c} z(t) = \lim_{t \to c} x(t) + j \lim_{t \to c} y(t). \tag{2.28}$$

$$z'(t) = \frac{dz(t)}{dt} = x'(t) + j\,y'(t), \tag{2.29}$$

$$\int z(t)\,dt = \int x(t)\,dt + j \int y(t)\,dt, \tag{2.30}$$

$$\int_a^b z(t)\,dt = \int_a^b x(t)\,dt + j \int_a^b y(t)\,dt. \tag{2.31}$$

D.2.3 Definition 2.3: *Die durch (2.22) festgelegte Kurve heißt* **glattes Kurvenstück,** *wenn (2.22) doppelpunktfrei und nicht geschlossen ist und wenn die Ableitungen $\dot{x}(t)$ und $\dot{y}(t)$ für alle t aus $[\alpha, \beta]$ stetig und in keinem Punkt dieses Intervalls zugleich null sind. Unter einem* **Weg** *verstehen wir eine aus endlich vielen glatten Kurvenstücken zusammengesetzte stetige Kurve.*

* *Aufgabe 2.2:* Welcher Weg wird durch   a) $z = t + j(t - 3)$, $1 \leqq t \leqq 4$,   b) $z = -2 + j + 3 \cos t + 3j \sin t$, $0 \leqq t \leqq \dfrac{3\pi}{2}$ beschrieben? Geben Sie Skizzen an!

* *Aufgabe 2.3.* Für die im Bild 2.21 dargestellten Wege sind die Gleichungen in Parameterform aufzustellen.

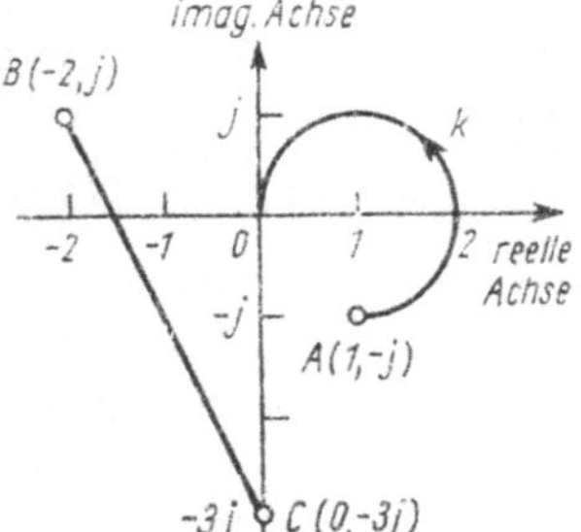

Bild 2.21. Abbildung von Wegen

2.5.2. Bereiche und Gebiete

D.2.4 Definition 2.4: *Jede ebene Punktmenge G, die nur aus inneren Punkten besteht und zusammenhängend ist, nennt man* **Gebiet.** *Nimmt man die Randpunkte von G zur Punktmenge G hinzu, dann erhält man ein* **abgeschlossenes Gebiet** *oder einen* **Bereich.**

An einigen Beispielen sollen diese Begriffe erläutert werden. Während $|z| < 1$ ein beschränktes Gebiet (vgl. Bild 2.14) und $|z - z_0| \leqq d$ ein beschränktes abgeschlossenes Gebiet (vgl. Bild 2.10) darstellen, wird z. B. durch $\mathrm{Re}\,(z) > 1$ ein unbeschränktes Gebiet angegeben (vgl. Bild 2.22).

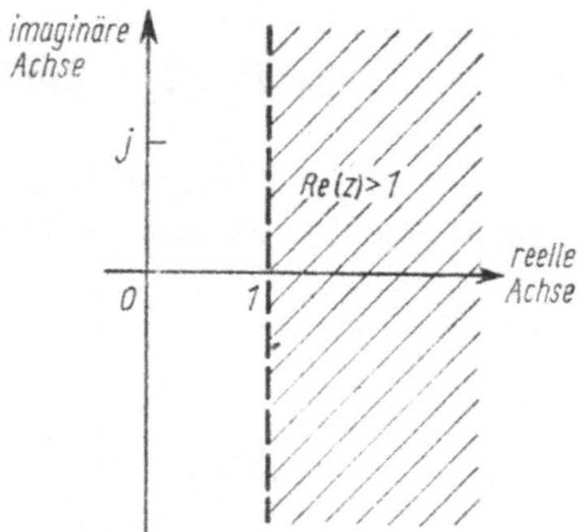

Bild 2.22. Unbeschränktes Gebiet Re $(z) > 1$

Man unterscheidet zwischen **einfach** und **mehrfach zusammenhängenden Gebieten**. Ein n-fach zusammenhängendes Gebiet ist durch n geschlossene Ränder bestimmt (vgl. Band 4). Die Punktmenge G im Bild 2.23 ist ein einfach zusammenhängendes und beschränktes Gebiet, während G im Bild 2.24 ein dreifach zusammenhängendes abgeschlossenes Gebiet darstellt, da drei geschlossene Ränder c_1, c_2, c_3 vorhanden sind. Man beachte, daß nicht jede Punktmenge der Vollebene ein Gebiet

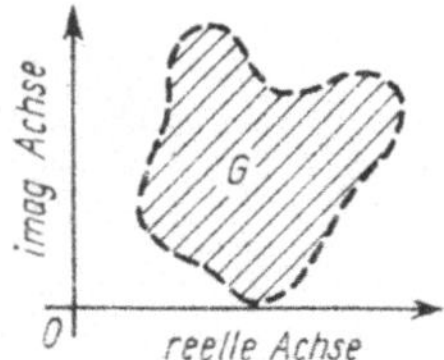

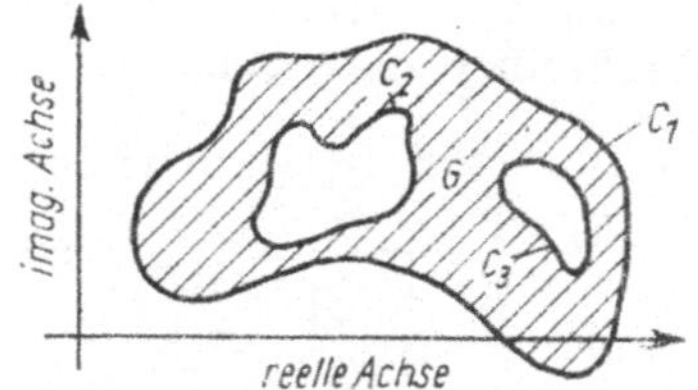

Bild 2.23. Einfach zusammenhängendes Gebiet

Bild 2.24. Dreifach zusammenhängendes
Gebiet

bzw. ein abgeschlossenes Gebiet (Bereich) sein muß. So ist z. B. $1 < |z - z_0| \leqq 2$ weder abgeschlossen noch offen, also nach Definition 2.4 kein Gebiet (vgl. Bild 2.25).

Die Gesamtheit aller Randpunkte eines Gebietes G bezeichnet man als **Rand** von G. In der Vollebene können wir auch nichtbeschränkte Gebiete betrachten, die den unendlich fernen Punkt als inneren Punkt oder als Randpunkt besitzen. Der Punkt $z = \infty$ bildet mit seiner (Kreis-) Umgebung ein einfach zusammenhängendes Gebiet, die Umgebung des unendlich fernen Punktes (ohne $z = \infty$) ist zweifach zusammenhängend.

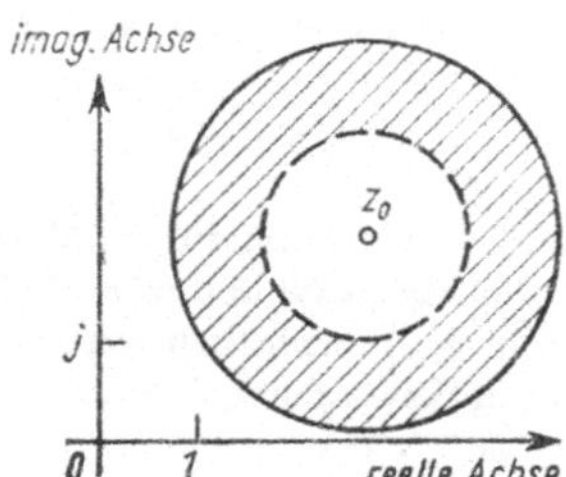

Bild 2.25. Ebene Punktmenge

Beispiel 2.6: Welche Punktmengen werden durch a) $|z - j| \leqq 4 \wedge |z - 2 - 2j| \geqq 1$,
b) $|z - 1 + j \cdot 2| \leqq 3 \wedge |\arg (z - 1 + j \cdot 2)| \leqq \pi/4 \vee 1 < \operatorname{Re}(z) < 2 \wedge |\operatorname{Im} (z + j \cdot 2)| < 3$, c) $|z - 1| < |z|$ beschrieben?

Lösung: a) $|z - (2 + 2j)| = 1$, Kreis um $z_0 = 2 + 2j$ mit Radius 1. $|z - j| = 4$, Kreis um $z_0 = j$ mit Radius 4. Das Gebiet G ist abgeschlossen und zweifach zusammenhängend (vgl. Bild 2.26).

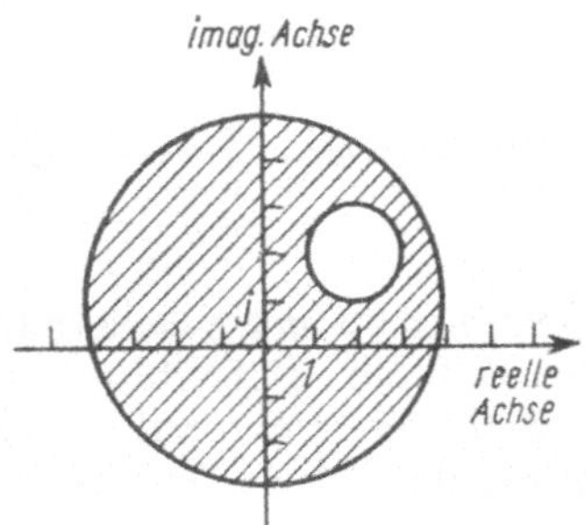

Bild 2.26
Zweifach zusammenhängendes abgeschlossenes Gebiet

b) $B = \{z : [|z - 1 + j \cdot 2| \leqq 3 \wedge |\arg (z - 1 + j \cdot 2)| \leqq \pi/4] \vee [1 < \operatorname{Re}(z) < 2 \wedge |\operatorname{Im} (z + j \cdot 2)| < 3]\}$. Hinweis: $\wedge$ logisches „und", $\vee$ logisches „oder". B wurde im Bild 2.27 schraffiert dargestellt.

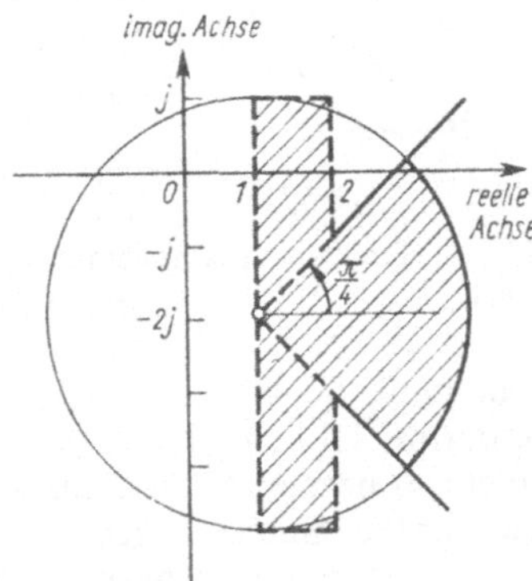

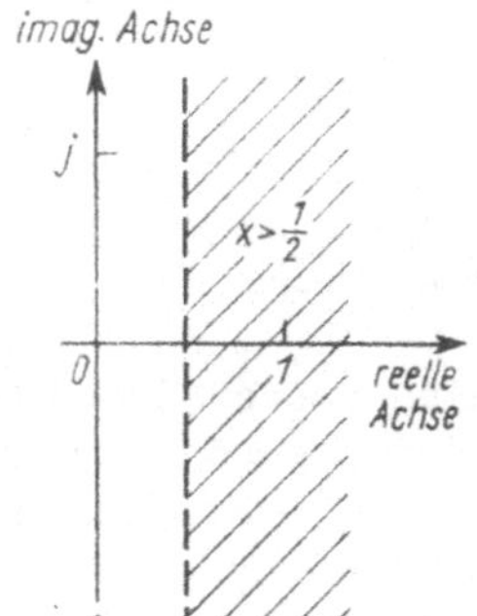

Bild 2.27. Ebene Punktmenge   Bild 2.28. Ebene Punktmenge

c) $|z - 1| < |z|$. Nach (2.3) gilt $|z| = \sqrt{z\bar{z}}$, also folgt

$$\sqrt{(z - 1)(\bar{z} - 1)} < \sqrt{z\bar{z}} \Rightarrow z\bar{z} - \bar{z} - z + 1 < z\bar{z} \Rightarrow -2x + 1 < 0$$
$$\Rightarrow x > \tfrac{1}{2}$$

(vgl. Bild 2.28).

Beispiel 2.7: Durch welche Gleichung bzw. Ungleichung werden alle Punkte der Zahlenebene mit Ausnahme der Punkte auf der negativen reellen Achse (einschließlich Nullpunkt) erfaßt?

Lösung: Die negative reelle Achse kann durch $\arg z = \pi$ ($z \neq 0$) angegeben werden. Somit gilt für die Menge der Punkte $z \neq 0$ der Zahlenebene, die nicht auf der negativen reellen Achse liegen,

$$-\pi < \arg z < \pi.$$

Es liegt ein einfach zusammenhängendes Gebiet G vor (vgl. Bild 2.29).

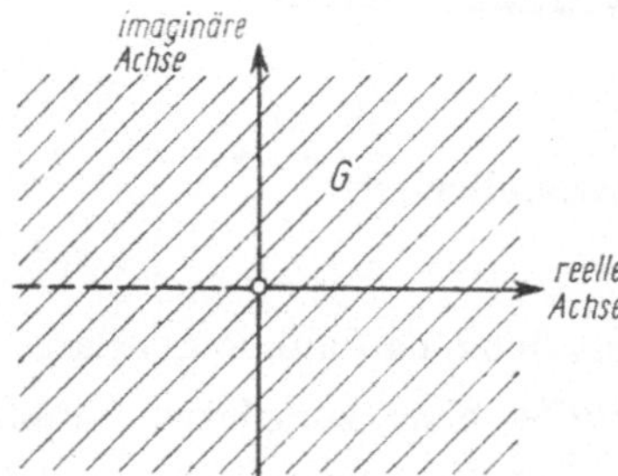

Bild 2.29. Einfach zusammenhängendes Gebiet

Aufgabe 2.4: Welche Punktmengen werden durch   ∗

a) $\beta_1 < \mathrm{Im}\,(z) < \beta_2$ $(0 < \beta_1 < \beta_2$, reell),   b) $|z + j| < 4$, wobei $1 < \mathrm{Re}\,(z) < 2$ ausgeschlossen wird,   c) $|1 - 2z| \leqq |1 + z|$ beschrieben?

Aufgabe 2.5: Die im Bild 2.30a, b, c dargestellten schraffierten Punktmengen sind durch Glei- ∗
chungen bzw. Ungleichungen zu erfassen.

Aufgabe 2.6: Welches Gebiet G wird durch $\mathrm{Re}\,(z^2) \leqq a$ $(a \neq 0$, reell) beschrieben?   ∗

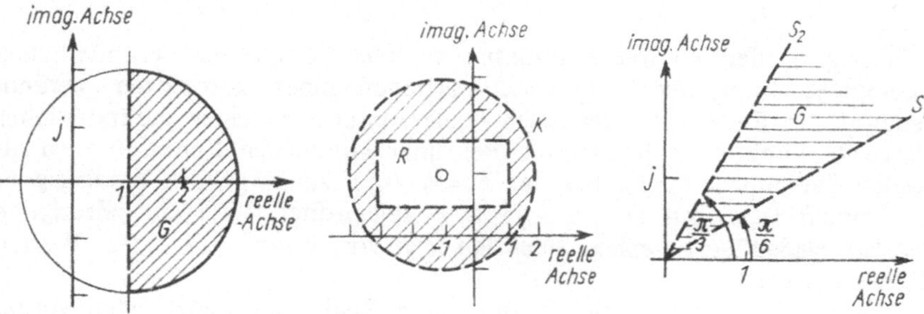

Bild 2.30a, b, c. Ebene Punktmengen

3. Funktionen einer komplexen Veränderlichen

3.1. Definition und geometrische Veranschaulichung

Im Band 1, 8.4., wurde jede eindeutige Abbildung als Funktion erklärt.

D.3.1 Definition 3.1: *Unter einer* **komplexen Funktion einer komplexen Veränderlichen** *verstehen wir eine eindeutige Abbildung aus einer Teilmenge D von $\overline{K}$ in eine Teilmenge W von $\overline{K}$ und bezeichnen sie mit*

$$w = f(z). \tag{3.1}$$

z heißt unabhängige und w abhängige Veränderliche. Die Menge D der Originalpunkte bezeichnen wir als **Definitionsbereich** *und die Menge W der Bildpunkte als* **Wertevorrat** *der komplexen Funktion $f(z)$.*

Häufig werden komplexe Funktionen einer komplexen Veränderlichen einfach „komplexe Funktionen" oder „Funktionen einer komplexen Veränderlichen" genannt. Im Reellen wurden auch reelle Funktionen einer Veränderlichen einfach als reelle Funktionen bezeichnet. Bei einer komplexen Funktion wird also jedem reellen Zahlenpaar (x, y), für das $z = x + \mathrm{j}y$ zu D gehört, eindeutig ein reelles Zahlenpaar (u, v) mit $w = u + \mathrm{j}v \in W$ zugeordnet. Eine **eineindeutige** oder **umkehrbar eindeutige komplexe Funktion** liegt vor, wenn auch jedem Wert w nur ein Wert z entspricht.

In $w = u + \mathrm{j}v$ wurde eine Trennung in Real- und Imaginärteil vorgenommen. u und v sind dabei reelle Funktionen der beiden reellen Veränderlichen x und y, also

$$u = u(x, y), \quad v = v(x, y),$$

so daß

$$w = f(z) = f(x + \mathrm{j}y) = u(x, y) + \mathrm{j}v(x, y) \tag{3.2}$$

ist.

Beispiel 3.1: Von folgenden komplexen Funktionen sind Real- und Imaginärteil anzugeben:

$$\text{a)} \quad w = \frac{1 + z}{1 - z}, \qquad\qquad \text{b)} \quad w = \frac{|z|}{z^2 - 1}.$$

Lösung: a)

$$w = \frac{1 + x + \mathrm{j}y}{1 - x - \mathrm{j}y} = \frac{[1 + x + \mathrm{j}y][1 - x + \mathrm{j}y]}{(1 - x)^2 + y^2} = \frac{1 - x^2 - y^2 + \mathrm{j} \cdot 2y}{(1 - x)^2 + y^2};$$

$$u = \frac{1 - x^2 - y^2}{(1 - x)^2 + y^2}, \qquad v = \frac{2y}{(1 - x)^2 + y^2}.$$

b)
$$w = \frac{|z|}{z^2 - 1} = \frac{|z|}{(x + jy)^2 - 1} = \frac{|z|}{(x^2 - y^2 - 1) + j \cdot 2xy}$$

$$= \frac{|z| [(x^2 - y^2 - 1) - j \cdot 2xy]}{(x^2 - y^2 - 1)^2 + 4x^2y^2},$$

$$u = \frac{|z| (x^2 - y^2 - 1)}{(x^2 - y^2 - 1)^2 + 4x^2y^2}, \qquad v = \frac{-2xy|z|}{(x^2 - y^2 - 1)^2 + 4x^2y^2}.$$

Es sei besonders darauf hingewiesen, daß eine Funktion nicht durch eine Formel gegeben sein muß. Wichtig ist allein, daß jedem Wert z aus D ein w aus W eindeutig zugeordnet ist. Die Funktion kann also auch in Worten oder grafisch erklärt sein.

Die geometrische Veranschaulichung komplexer Funktionen bereitet zunächst Schwierigkeiten, da bei einer komplexen Funktion zwei unabhängige (x, y) und zwei abhängige (u, v) reelle Veränderliche auftreten. Die am häufigsten benutzte Form für die geometrische Darstellung einer komplexen Funktion ist die Darstellung in zwei Vollebenen. Jedem Punkt z der z-Ebene aus dem Definitionsbereich D wird ein Punkt w der w-Ebene aus dem Wertevorrat W zugeordnet (vgl. Bild 3.1). In einem Beispiel soll die Abbildung demonstriert werden. Einander

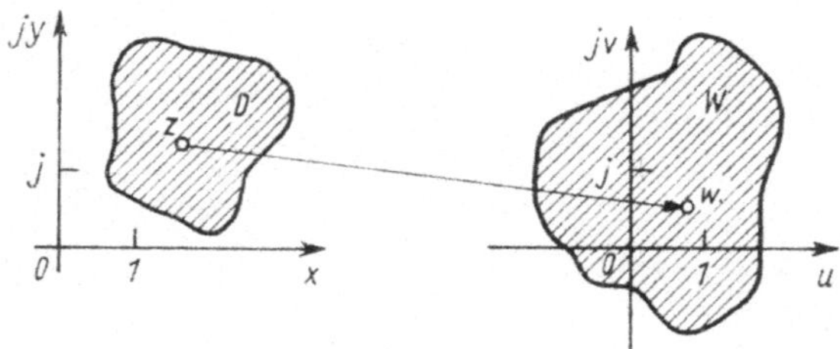

Bild 3.1. Abbildung $w = f(z)$

entsprechende Punkte werden dabei mit gleichen Indizes bezeichnet. Die Abbildung wird anschaulicher, wenn man nicht einzelne Punkte, sondern bestimmte Kurven und Gebiete betrachtet. Ist

$$z(t) = x(t) + j\,y(t) \quad \text{mit} \quad \alpha \leqq t \leqq \beta$$

die Parameterdarstellung einer stetigen Kurve C in der z-Ebene, dann erhält man die Bildkurve C' in der w-Ebene durch Einsetzen von $z(t)$ in (3.2):

$$w = f[z(t)] = f[x(t) + j\,y(t)] = u[x(t), y(t)] + j\,v[x(t), y(t)], \alpha \leqq t \leqq \beta. \quad (3.3)$$

Auch durch Abbildung ganzer Kurvennetze gewinnt man gute Vorstellungen.

Beispiel 3.2: Bilden Sie die Punkte $z_1 = \dfrac{1}{2} e^{j\frac{\pi}{4}}, z_2 = e^{-j\frac{\pi}{6}}$ und $z_3 = \dfrac{3}{2} e^{-j\frac{5\pi}{6}}$ der z-Ebene durch die Funktion $w = \dfrac{1}{z}$ $(z \neq 0)$ auf die w-Ebene ab (Bild 3.2a). Stellen Sie fest, welche Gebiete der w-Ebene den im Bild 3.3a gekennzeichneten Gebieten entsprechen. In welche Kurve geht der orientierte Kreis $z(t) = r\, e^{jt}$ $(r > 1)$, $0 \leqq t \leqq 2\pi$ durch die gegebene Funktion in der w-Ebene über (Bild 3.4a)?

Lösung:

$$z = r_z\, e^{j\varphi_z}, \qquad w = \frac{1}{z} = \frac{1}{r_z}\, e^{-j\varphi_z} = R\, e^{j\varphi_w}.$$

Für die einzelnen Punkte folgt:

$$w_1 = \frac{1}{z_1} = 2\, e^{-j\frac{\pi}{4}}, \qquad w_2 = e^{j\frac{\pi}{6}}, \qquad w_3 = \frac{2}{3}\, e^{j\frac{5}{6}\pi}$$

(vgl. Bild 3.2b). Da $|z| = r_z = \dfrac{1}{|w|} = \dfrac{1}{R}$ und $\varphi_w = -\varphi_z$ gelten, werden alle Punkte außerhalb (innerhalb) des Einheitskreises der z-Ebene in der w-Ebene innerhalb (außerhalb) des Einheitskreises

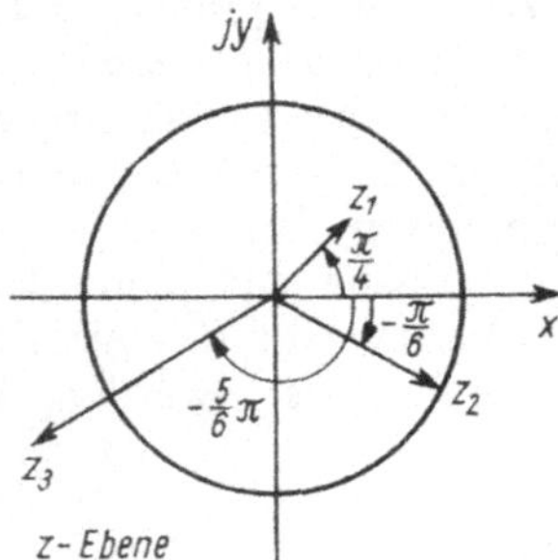

Bild 3.2a. z-Ebene

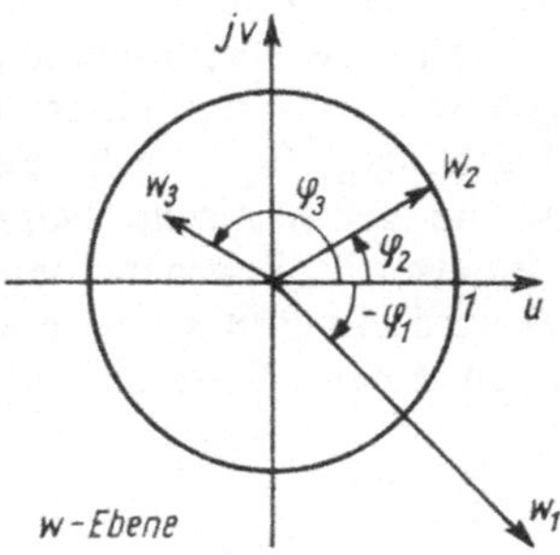

Bild 3.2b. w-Ebene

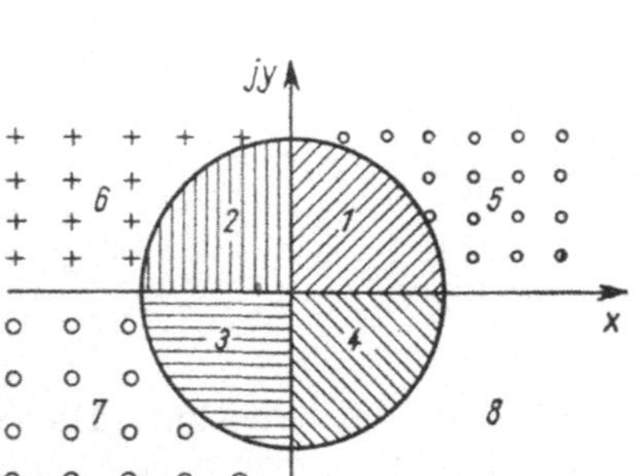

Bild 3.3a. z-Ebene

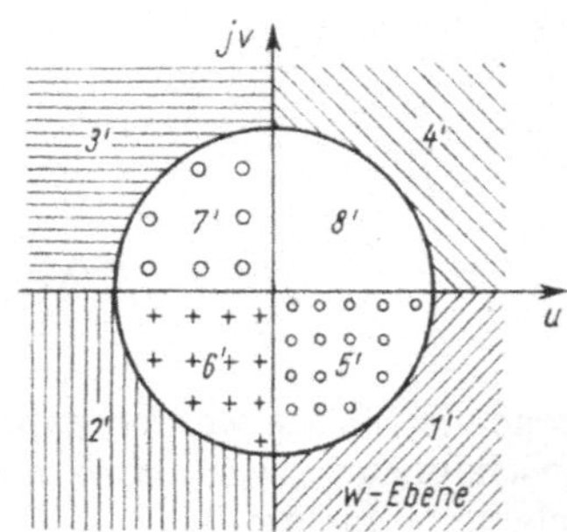

Bild 3.3b. w-Ebene

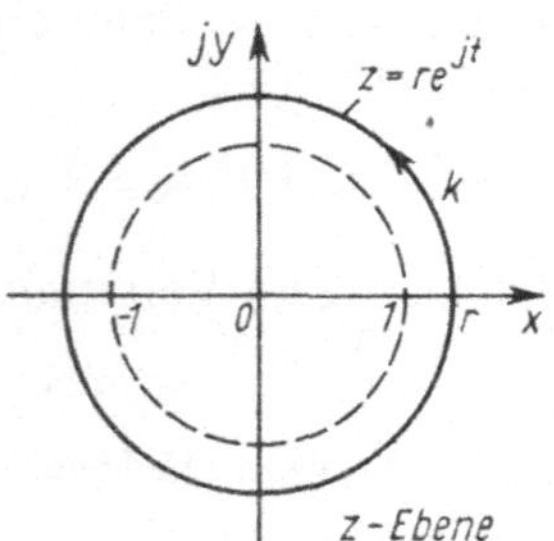

Bild 3.4a. Kreis in der z-Ebene

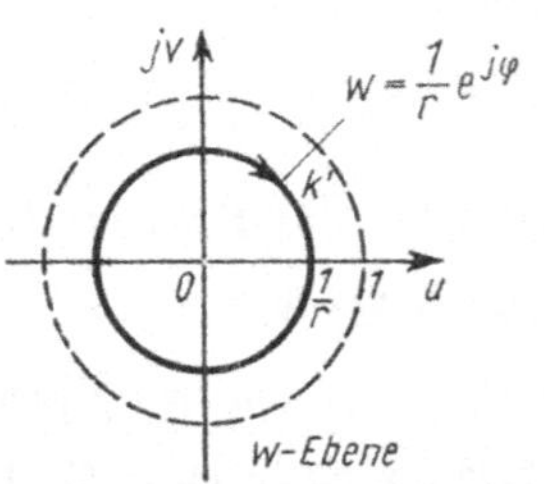

Bild 3.4b. Kreis in der w-Ebene

abgebildet. Der Einheitskreis wird in sich selbst abgebildet, ändert aber seine Orientierung (Bild 3.3 b). Für die Abbildung des Kreises k folgt:

$$w(t) = \frac{1}{z(t)} = \frac{1}{r\,e^{jt}} = \frac{1}{r}\,e^{j\varphi} \qquad (\varphi = -t,\ 0 \geqq \varphi \geqq -2\pi).$$

Es liegt also ein Kreis k' mit dem Radius $\dfrac{1}{r}$ um den Nullpunkt vor. k' ist entgegengesetzt zu k orientiert (Bild 3.4 b). Der gegebene Kreis k der z-Ebene geht in den Kreis k' der w-Ebene über.

Wir werden in 6.1.2. zeigen, daß jeder Kreis der z-Ebene durch die Funktion $w = \dfrac{1}{z}$ in einen Kreis der w-Ebene abgebildet wird. Durch die Einführung des unendlich fernen Punktes haben wir die Möglichkeit, die ganze Vollebene vermittels der Funktion $w = \dfrac{1}{z}$ abzubilden. Wir ordnen dem Punkt $z = 0$ der z-Ebene den unendlich fernen Punkt $w = \infty$ der w-Ebene und dem Punkt $w = 0$ der w-Ebene den unendlich fernen Punkt $z = \infty$ der z-Ebene zu. Bei der Anwendung der Abbildung $w = \dfrac{1}{z}$ in der Elektrotechnik werden wir mit Vorteil gerade auch diese unendlich fernen Punkte mit benutzen.

Weitere Formen der geometrischen Veranschaulichung einer komplexen Funktion $w = f(z)$, $z \in D$, im dreidimensionalen Raum gewinnt man durch folgende Überlegung. Wir betrachten im R^3 $|f(z)| = \sqrt{u^2 + v^2}$ als Funktion der beiden Variablen x und y. Variiert $z = x + jy$ in D, dann wird durch die Koordinaten x, y und $|f(z)|$ eine Fläche, die sogenannte „Betragsfläche" beschrieben. Trägt man über dem Punkt $z = x + jy$ nicht $|f(z)|$, sondern $|f(z)|^2$ auf, so entsteht die Betragsquadratfläche, die nach Jensen auch „analytische Landschaft" genannt wird. Bei diesen Darstellungsarten gehen gewisse Eigenschaften der Funktionen verloren. Man kann den Informationsgehalt dieser Betragsflächen z. B. dadurch erhöhen, daß auf der Fläche Kurven, sog. „Linien konstanten Arguments", eingezeichnet werden, also Kurven, auf denen das Argument der komplexen Funktion konstante Werte besitzt. Die Funktion $w = \dfrac{1}{z}$ ist im Bild 3.5 als analytische Landschaft dargestellt. Weitere Beispiele findet man u. a. in [8].

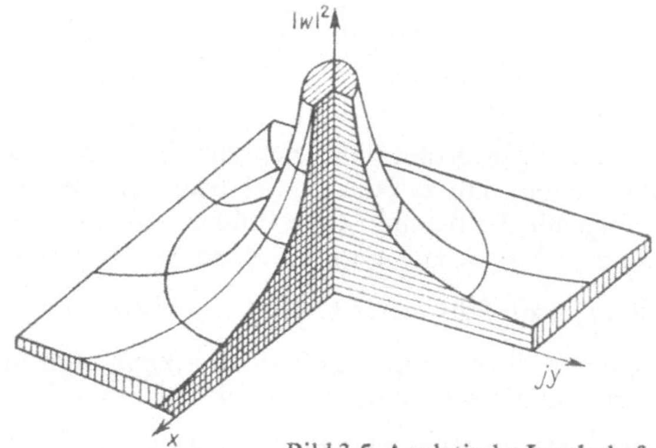

Bild 3.5. Analytische Landschaft der Funktion $w = \dfrac{1}{z}$

* *Aufgabe 3.1:* Geben Sie Real- und Imaginärteil der komplexen Funktion $w = \dfrac{j}{z - |z|}$ an!

* *Aufgabe 3.2:* Gegeben ist die Funktion $w = z^2$, $z \in D$. In welche Kurven der w-Ebene gehen die im Bild 3.6 dargestellte Geradenschar und der Halbkreis k ($0 \leqq t < \pi$) der z-Ebene über? Welches Bild ergibt sich aus der reellen Achse der z-Ebene in der w-Ebene?

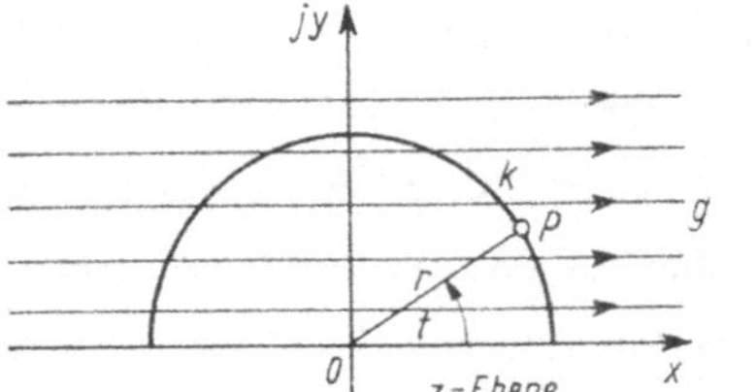

Bild 3.6. z-Ebene

3.2.   Grenzwert, Stetigkeit

Wir hatten mehrfach betont, daß sich viele Formeln und Sätze, die bei der Betrachtung reeller Funktionen gewonnen werden, auf das Komplexe ausdehnen lassen. Es sei jedoch darauf hingewiesen, daß wir uns bei Betrachtungen im Komplexen von der anschaulichen Darstellung reeller Funktionen durch eine Kurve freimachen müssen, da eine komplexe Funktion im allgemeinen nicht durch eine Kurve veranschaulicht werden kann. So ist es also auch nicht möglich, z. B. bei dem Begriff Stetigkeit, die anschauliche Beschreibung aus dem Reellen zu übertragen. Formal sind die folgenden Definitionen analog denen im Reellen.

D.3.2 **Definition 3.2:** *Die komplexe Funktion $w = f(z)$ sei mindestens in einer punktierten Umgebung von z_0 definiert. $w = f(z)$ strebt für $z \to z_0$ gegen den* **Grenzwert** *g, wenn für jede Zahl $\varepsilon > 0$ eine Zahl $\delta(\varepsilon) > 0$ derart existiert, daß*

$$|f(z) - g| < \varepsilon$$

für alle $z \neq z_0$ erfüllt ist, für die $|z - z_0| < \delta(\varepsilon)$ gilt. Man schreibt dann

$$\lim_{z \to z_0} f(z) = g.$$

Mit Hilfe des (Kreis-) Umgebungsbegriffes läßt sich die Definition des Grenzwertes auch auf den Fall ausdehnen, daß z_0 oder g oder beide in unendlich fernen Punkten liegen. Wir treffen folgende Festlegung: Eine Funktion $f(z)$ besitzt an einer Stelle z_0 den Wert ∞, wenn $\lim\limits_{z \to z_0} f(z) = \infty$ gilt. Ferner ordnen wir einer Funktion $f(z)$ für $z = \infty$ den Grenzwert $\lim\limits_{z \to \infty} f(z)$ zu, falls dieser Grenzwert existiert.

Zum Nachweis des Grenzwertes einer komplexen Funktion kann man mit Vorteil folgenden Satz anwenden, der ohne Beweis angegeben wird.

S.3.1 **Satz 3.1:** *$w = f(z) = u(x, y) + jv(x, y)$ sei mindestens in einer punktierten Umgebung von z_0 definiert. $w = f(z)$ besitzt genau dann für $z \to z_0$ den Grenzwert $g = \alpha + j\beta$,* *wenn*

> 1. *die reellen Veränderlichen x und y im Punkt $P_0(x_0, y_0)$ existieren*

und wenn

> 2. $\lim\limits_{(x,y)\to(x_0,y_0)} u(x,y) = \alpha$ *und* $\lim\limits_{(x,y)\to(x_0,y_0)} v(x,y) = \beta$

ist.

Ohne Beweis sei auch bemerkt, daß die im Band 2 in 2.5. formulierten Grenzwertsätze auf komplexe Funktionen übertragen werden können. Man vergleiche dazu auch die Ableitung dieser Sätze aus den entsprechenden Sätzen für Zahlenfolgen.

Der Begriff der Stetigkeit einer komplexen Funktion stützt sich ebenfalls auf die analoge Definition wie im Reellen.

Definition 3.3: *Die in einer Umgebung von z_0 definierte komplexe Funktion $w = f(z)$ ist an der Stelle $z = z_0$ **stetig**, wenn der Grenzwert g für $z \to z_0$ existiert und gleich dem Funktionswert an dieser Stelle ist.* **D.3.3**

$$\lim_{z \to z_0} f(z) = f(z_0). \tag{3.4}$$

Gilt (3.4) *nicht oder existiert der Grenzwert nicht, so ist $w = f(z)$ an der Stelle z_0 unstetig.*

Ist $w = f(z)$ an jeder Stelle eines Gebietes G stetig, so heißt $f(z)$ stetig in G.

Die Definition der Stetigkeit kann geometrisch entsprechend Definition 3.3 wie folgt erklärt werden: Allen Punkten z; die in einer hinreichend kleinen Umgebung von z_0 liegen, also im Innern eines Kreises mit $|z - z_0| < \delta(\varepsilon)$ (vgl. Bild 3.7), entsprechen nur Punkte $w = f(z)$ der w-Ebene, die im Innern eines Kreises um $w_0 = f(z_0)$ mit $|f(z) - f(z_0)| < \varepsilon$ (vgl. Bild 3.8) liegen. Nach Definition 3.3 strebt w bei beliebiger Annäherung des Punktes $z \to z_0$ gegen w_0.

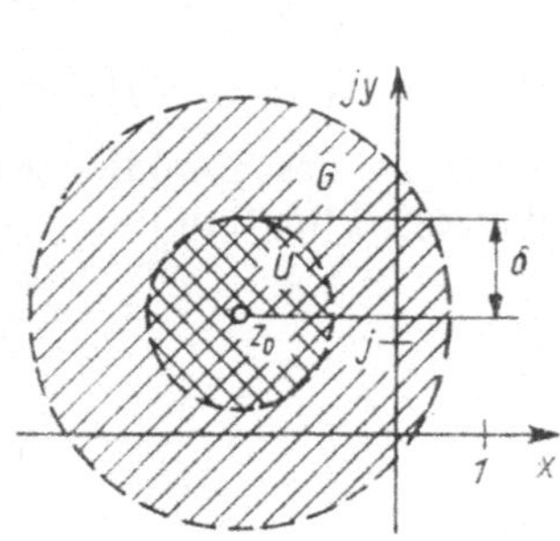

Bild 3.7. δ-Umgebung von z_0 Bild 3.8. ε-Umgebung von w_0

Aus $\lim\limits_{z \to z_0} f(z) = f(z_0) = u(x_0, y_0) + j\,v(x_0, y_0)$ folgt mit Satz 3.1

$$\lim_{\substack{x \to x_0 \\ y \to y_0}} u(x,y) = u(x_0, y_0) \quad \text{und} \quad \lim_{\substack{x \to x_0 \\ y \to y_0}} v(x,y) = v(x_0, y_0),$$

d. h., $u(x,y)$ und $v(x,y)$ sind stetig in (x_0, y_0). Die Umkehrung gilt ebenfalls, so daß der Satz formuliert werden kann:

S.3.2 Satz 3.2: *Sind in einer komplexen Funktion $w = f(z) = u + j\,v$ Real- und Imaginärteil in z_0 stetige Funktionen der beiden reellen Variablen x und y, so ist auch $w = f(z)$ stetig an der Stelle z_0 und umgekehrt.*

Die Untersuchung der Stetigkeit einer komplexen Funktion kann somit auf die Untersuchung der Stetigkeit von zwei reellen Funktionen mit zwei reellen Variablen zurückgeführt werden.

Ohne Beweis sei auch darauf hingewiesen, daß $cf(z)$, $f_1(z) \pm f_2(z)$ und $f_1(z)f_2(z)$ stetige Funktionen in z_0 sind, wenn $f(z)$, $f_1(z)$ und $f_2(z)$ in z_0 stetig sind und c eine komplexe Konstante darstellt. Ist $f_2(z_0) \neq 0$, so ist auch $\dfrac{f_1(z)}{f_2(z)}$ in z_0 stetig. Ebenfalls gilt für mittelbare Funktionen, daß eine stetige Funktion einer stetigen Funktion wieder stetig ist.

Eine Unstetigkeit der Funktion $f(z)$ an der Stelle $z = z_0$ kann bei existierendem Grenzwert $\lim\limits_{z \to z_0} f(z) = g$ behoben werden, indem man der Funktion $f(z)$ bei $z = z_0$ anstelle des eventuell vorhandenen Funktionswertes den Grenzwert g zuordnet und dadurch eine bei $z = z_0$ stetige Funktion erzeugt. Die Funktion $f(z)$ besitzt dann bei $z = z_0$ eine **hebbare Unstetigkeit**, und $z = z_0$ heißt hebbare Unstetigkeitsstelle von $f(z)$.

Beispiel 3.3: Gegeben ist die Funktion $w = f(z) = \begin{cases} (z - a)^{m-n} & \text{für } z \neq a \\ 1 & \text{für } z = a \end{cases}$ mit $m, n \in \mathbb{N}$ und $m \geq n > 0$. a) Man bestimme $\lim\limits_{z \to a} f(z)$!

b) Ist $f(z)$ für $z = a$ stetig?

Lösung: a) $m > n$: $\lim\limits_{z \to a} f(z) = 0$, $m = n$: $\lim\limits_{z \to a} f(z) = 1$.

b) $m = n$: $\lim\limits_{z \to a} f(z) = f(a) = 1$, d. h., $f(z)$ ist für $m = n$ an der Stelle $z = a$ stetig.

$m > n$: Da für diesen Fall der Grenzwert $\lim\limits_{z \to a} f(z)$ existiert und $\lim\limits_{z \to a} f(z) \neq f(a)$ gilt, liegt eine hebbare Unstetigkeit vor. Durch Abänderung des Funktionswertes an der Stelle $z = a$ erhält man für $m > n$ die überall stetige Funktion

$$w = \tilde{f}(z) = \begin{cases} f(z) & \text{für } z \neq a \\ 0 & \text{für } z = a \end{cases} = (z - a)^{m-n}.$$

3.3.   Differentiation im Komplexen

3.3.1.   Definition der Ableitung. Holomorphe Funktionen

D.3.4 Definition 3.4: *Die Funktion $w = f(z)$ sei in einer Umgebung von z_0 definiert. $w = f(z)$ heißt an der Stelle $z_0 \in G$ **differenzierbar**, wenn unabhängig von der Art der Annäherung $\Delta z = z - z_0 \to 0$ der Grenzwert*

$$\lim_{\Delta z \to 0} \frac{f(z_0 + \Delta z) - f(z_0)}{\Delta z} = f'(z_0) = \frac{\mathrm{d}f(z)}{\mathrm{d}z}\bigg|_{z = z_0} \tag{3.5}$$

existiert.

Der Grenzwert (3.5) *heißt* **Differentialquotient** *oder* **Ableitung** *der Funktion* $w = f(z)$ *an der Stelle* $z = z_0$

Ist $f(z)$ in jedem Punkt z eines Gebietes G differenzierbar, so heißt $f(z)$ in G differenzierbar. Man sagt dann, $w = f(z)$ ist eine in G holomorphe oder analytische **Funktion.** *$w = f(z)$ heißt* **in einem Punkt z_0 holomorph,** *wenn eine Umgebung von z_0 existiert, in der $f'(z)$ gebildet werden kann.*

Die Forderung der Differenzierbarkeit im Komplexen bedeutet eine wesentlich einschränkendere Forderung als im Reellen. Im Reellen ist bei der Bildung des Grenzwertes (vgl. Bd. 2) nur die Annäherung $\Delta x \rightarrow 0$ auf der reellen Achse zu untersuchen, im Komplexen dagegen haben wir alle Annäherungen $\Delta z \rightarrow 0$ in einem gewissen Kreis um z_0 zu betrachten. Aus der Differenzierbarkeit der Funktion $f(z)$ im Sinne der reellen Analysis folgt somit im allgemeinen noch nicht die Differenzierbarkeit der Funktion $f(z)$ im Komplexen.

Für die Bezeichnung holomorphe Funktion findet man auch noch die Ausdrücke *reguläre Funktion* oder *reguläre analytische Funktion.* Stellen, an denen $f'(z)$ nicht existiert, heißen **singuläre Stellen.**

Satz 3.3: *Eine in z_0 differenzierbare Funktion $w = f(z)$ ist in z_0 auch stetig.* $\qquad$ S.3.3

Beweis:

$$f(z) = f(z_0 + \Delta z) = \frac{f(z_0 + \Delta z) - f(z_0)}{\Delta z}\,\Delta z + f(z_0) \quad (\Delta z \neq 0),$$

$$\lim_{z \to z_0} f(z) = \lim_{\Delta z \to 0} \frac{f(z_0 + \Delta z) - f(z_0)}{\Delta z}\,\Delta z + \lim_{\Delta z \to 0} f(z_0),$$

$$\lim_{z \to z_0} f(z) = f'(z_0) \cdot 0 + f(z_0) = f(z_0),$$

d. h., nach (3.4) ist $f(z)$ in z_0 stetig. ∎

Wie auch im Reellen gilt die Umkehrung von Satz 3.3 nicht. Es gibt Funktionen, die überall stetig, aber nirgends differenzierbar sind (z. B. $w = f(z) = \bar{z}$). Wir werden im folgenden noch näher darauf eingehen.

Beispiel 3.4. Untersuchen Sie die Funktion $w = f(z) = \operatorname{Re}(z)$ auf a) Stetigkeit, b) Differenzierbarkeit.

Lösung: a) $w = f(z) = \operatorname{Re}(z) = x$, $f(z_0) = x_0$. $\lim\limits_{z \to z_0} f(z) = \lim\limits_{x \to x_0} x = x_0$. Somit gilt $\lim\limits_{z \to z_0} f(z) = f(z_0)$, d. h., es ist (3.4) erfüllt; die Funktion $w = f(z) = \operatorname{Re}(z)$ ist überall stetig.

b) (3.5) schreiben wir mit $\Delta z = z_n - z_0$ in der Form

$$f'(z_0) = \lim_{z_n \to z_0} \frac{f(z_n) - f(z_0)}{z_n - z_0}.$$

Die Grenzwertbildung soll auf zwei verschiedenen Wegen erfolgen, einmal parallel zur reellen und einmal parallel zur imaginären Achse.

1. $\quad z_n = x_n$, $f(z_n) = x_n$ und $f(z_0) = x_0$: $f'(z_0) = \lim\limits_{x_n \to x_0} \dfrac{x_n - x_0}{x_n - x_0} = \lim\limits_{x_n \to x_0} 1 = 1$.

2. $\quad z_n = j\,y_n$, $f(z_n) = f(z_0) = 0$: $f'(z_0) = \lim\limits_{y_n \to y_0} \dfrac{0}{j\,(y_n - y_0)} = 0$.

Da die beiden auf verschiedenen Wegen ermittelten Grenzwerte nicht gleich sind, ist $f(z)$ an der Stelle z_0 nicht differenzierbar. Da z_0 beliebig gewählt war, ist $f(z) = \mathrm{Re}(z)$ nirgends differenzierbar.

3.3.2. Allgemeine Differentiationsregeln

Die allgemeinen Differentiationsregeln und die Regeln für das Differenzieren der elementaren Funktionen stimmen wiederum formal mit den entsprechenden Regeln für reelle Funktionen überein; auf eine Herleitung dieser Formeln soll deshalb verzichtet werden. Mit komplexen Konstanten c_1, c_2 und holomorphen Funktionen $f(z)$, $g(z)$ gilt:

$$\frac{\mathrm{d}}{\mathrm{d}z} [c_1 f(z) \pm c_2 g(z)] = c_1 f'(z) \pm c_2 g'(z), \tag{3.6}$$

$$\frac{\mathrm{d}}{\mathrm{d}z} [f(z)\, g(z)] = f(z)\, g'(z) + f'(z)\, g(z), \tag{3.7}$$

$$\frac{\mathrm{d}}{\mathrm{d}z} \left[\frac{f(z)}{g(z)} \right] = \frac{g(z) f'(z) - g'(z) f(z)}{[g(z)]^2} \quad \text{mit} \quad g(z) \neq 0. \tag{3.8}$$

Die komplexe Funktion $w = f(\eta)$ sei an der Stelle $\eta = \eta_0$ differenzierbar und habe die Ableitung $f'(\eta_0)$. Ist die komplexe Funktion $\eta = g(z)$ an der Stelle $z = z_0$ differenzierbar mit der Ableitung $g'(z_0)$, dann ist die mittelbare Funktion $w = f(g(z))$ an der Stelle $z = z_0$ differenzierbar, und es gilt die **Kettenregel**

$$[f(g(z))]'|_{z=z_0} = f'(g(z_0))\, g'(z_0). \tag{3.9}$$

Höhere Ableitungen $f''(z), \ldots, f^{(n)}(z)$ werden ebenfalls wie im Reellen gebildet. Wir werden später noch zeigen, daß eine in G holomorphe Funktion dort beliebig oft differenzierbar ist. Eine analoge Aussage konnte im Reellen nicht gemacht werden! Summe, Differenz und Produkt zweier in G holomorpher Funktionen sind wegen (3.6) und (3.7) ebenfalls holomorph in G. Sind $f(z)$ und $g(z)$ holomorph, dann ist der Quotient $\dfrac{f(z)}{g(z)}$ für $g(z) \neq 0$ ebenfalls holomorph.

Für einige elementare komplexe Funktionen sollen die Ableitungen bestimmt werden.

1. $w = f(z) = c$ (komplexe Konstante). Dann gilt $f(z + \Delta z) = c$, und nach (3.5) folgt

$$f'(z) = \lim_{\Delta z \to 0} \frac{c - c}{\Delta z} = \lim_{\Delta z \to 0} 0 = 0 \to \frac{\mathrm{d}}{\mathrm{d}z} [c] = 0. \tag{3.10}$$

2. $w = f(z) = z^n$ ($n \neq 0$, ganz). Es gilt

$$\frac{\mathrm{d}}{\mathrm{d}z} [z^n] = n z^{n-1}. \tag{3.11}$$

Der Beweis erfolgt formal wie im Reellen:

a) $n \in \mathbb{N}$. Für diesen Fall kann (3.11) leicht durch vollständige Induktion bewiesen werden.

b) $n = -m < 0$. $w = f(z) = z^n = z^{-m} = \dfrac{1}{z^m}$. Nach (3.8) folgt $w' = \dfrac{-(z^m)'}{z^{2m}}$. Da $m > 0$, ganz, gilt nach a) Formel (3.11) und somit $w' = \dfrac{-mz^{m-1}}{z^{2m}} = -mz^{-m-1}$.

Diese Gleichung ist für $m = -n$ identisch mit (3.11). ∎

3.3.3. Die Cauchy-Riemannschen Differentialgleichungen. Die Laplacesche Differentialgleichung

Für eine komplexe Funktion kann nach 3.1. geschrieben werden

$$w = f(z) = u(x, y) + \mathrm{j}\, v(x, y). \tag{3.12}$$

Es soll nun untersucht werden, welchen Bedingungen $u(x, y)$ und $v(x, y)$ genügen müssen, damit $w = f(z)$ eine holomorphe Funktion ist. Mit $z = x + \mathrm{j}\, y$ und $\Delta z = \Delta x + \mathrm{j}\, \Delta y$ folgt aus (3.12) für einen Punkt $z_0 \in G$

$$f(z_0 + \Delta z) = u(x_0 + \Delta x, y_0 + \Delta y) + \mathrm{j}\, v(x_0 + \Delta x, y_0 + \Delta y).$$

Nach (3.5) gilt dann für die Ableitung

$$f'(z_0) = \lim_{\Delta z \to 0} \frac{f(z_0 + \Delta z) - f(z_0)}{\Delta z}$$

$$= \lim_{\Delta z \to 0} \frac{u(x_0 + \Delta x, y_0 + \Delta y) - u(x_0, y_0) + \mathrm{j}\,[v(x_0 + \Delta x, y_0 + \Delta y) - v(x_0, y_0)]}{\Delta x + \mathrm{j}\, \Delta y} \tag{3.13}$$

Die Annäherung $\Delta z \to 0$ soll nun auf zwei Wegen (parallel zur x-Achse bzw. parallel zur y-Achse) erfolgen:

1. $\Delta x \to 0$, $\Delta y = 0$. Für $f'(z_0)$ folgt dann

$$f'(z_0) = \lim_{\Delta x \to 0} \frac{u(x_0 + \Delta x, y_0) - u(x_0, y_0)}{\Delta x} + \mathrm{j} \lim_{\Delta x \to 0} \frac{v(x_0 + \Delta x, y_0) - v(x_0, y_0)}{\Delta x}.$$

Diese beiden Grenzwerte auf der rechten Seite der letzten Gleichung sind nach Definition (Bd. 4, 3.1.) die partiellen Ableitungen $\dfrac{\partial u}{\partial x}$ bzw. $\dfrac{\partial v}{\partial x}$ im Punkt $z_0 = x_0 + \mathrm{j} y_0$, so daß

$$f'(z_0) = \left(\frac{\partial u}{\partial x} + \mathrm{j}\, \frac{\partial v}{\partial x} \right) \bigg|_{(x_0, y_0)} \tag{3.14a}$$

gilt.

2. $\Delta x = 0$, $\Delta y \to 0$. Für $f'(z_0)$ ergibt sich

$$f'(z_0) = \lim_{\Delta y \to 0} \frac{u(x_0, y_0 + \Delta y) - u(x_0, y_0)}{\mathrm{j}\, \Delta y} + \mathrm{j} \lim_{\Delta y \to 0} \frac{v(x_0, y_0 + \Delta y) - v(x_0, y_0)}{\mathrm{j}\, \Delta y}$$

$$f'(z_0) = \left(-\mathrm{j}\, \frac{\partial u}{\partial y} + \frac{\partial v}{\partial y} \right) \bigg|_{(x_0, y_0)} \tag{3.14b}$$

Da beide Grenzwerte (3.14a) und (3.14b) gleich sein müssen, also für $z_0 \in G$

$$\frac{\partial u}{\partial x} + \mathrm{j}\, \frac{\partial v}{\partial x} = \frac{\partial v}{\partial y} - \mathrm{j}\, \frac{\partial u}{\partial y} \tag{3.15}$$

gilt, kann der folgende Satz ausgesprochen werden:

S.3.4 Satz 3.4: *Ist eine Funktion $w = f(z)$ in G holomorph, so gelten die partiellen Differentialgleichungen*

$$\frac{\partial u}{\partial x} = \frac{\partial v}{\partial y} \quad und \quad \frac{\partial v}{\partial x} = -\frac{\partial u}{\partial y} \tag{3.16}$$

für alle Punkte des Gebietes G. Man nennt (3.16) *die* **Cauchy-Riemannschen Differentialgleichungen.**

(3.16) muß notwendigerweise erfüllt sein, wenn $w = f(z)$ holomorph ist. Es kann nun auch gezeigt werden, daß aus der Gültigkeit der Cauchy-Riemannschen Differentialgleichungen auf die Differenzierbarkeit der Funktion $w = f(z)$ geschlossen werden kann. Ohne Beweis sei der wichtige Satz ausgesprochen:

S.3.5 Satz 3.5: *Besitzen die Funktionen $u(x, y)$ und $v(x, y)$ in G an der Stelle (x, y) stetige partielle Ableitungen erster Ordnung und genügen dieselben den Cauchy-Riemannschen Differentialgleichungen* (3.16), *so ist die komplexe Funktion $f(z) = u(x, y) + j\,v(x, y)$ an der Stelle $z = x + j\,y$ differenzierbar und besitzt die Ableitung*

$$f'(z) = \frac{\partial u}{\partial x} + j\frac{\partial v}{\partial x} = \frac{\partial v}{\partial y} - j\frac{\partial u}{\partial y}. \tag{3.17}$$

Die Sätze 3.4 und 3.5 ermöglichen es in vielen Fällen leicht zu entscheiden, ob die Funktion $w = f(z)$ an der Stelle z_0 differenzierbar ist und wie die Ableitung $f'(z)$ lautet.

Beispiel 3.5: Untersuchen Sie, ob die überall stetigen Funktionen a) $f(z) = \mathrm{Re}\,(z)$, b) $f(z) = z^2$ und c) $f(z) = \bar{z}$ differenzierbar sind.

Lösung: a) $f(z) = x$, $u(x, y) = x$, $u_x = 1$, $u_y = 0$, $v(x, y) = v_x = v_y = 0$. Da $u_x \neq v_y$ ist, gilt (3.16) nicht, also ist $f(z) = x$ eine überall stetige, aber nirgends differenzierbare Funktion. Dieses Ergebnis hatten wir schon im Beispiel 3.4 erhalten. Die Anwendung von Satz 3.4 führte jedoch zu einer wesentlich einfacheren Lösung.

b) $f(z) = z^2 = (x + j\,y)^2 = x^2 - y^2 + j \cdot 2xy$, $u = x^2 - y^2$, $u_x = 2x$, $u_y = -2y$, $v = 2xy$, $v_x = 2y$, $v_y = 2x$. Die partiellen Ableitungen 1. Ordnung sind stetige Funktionen der beiden reellen Variablen x und y und erfüllen Gleichung (3.16). $f(z) = z^2$ ist also eine überall in der z-Ebene holomorphe Funktion. Die Ableitung lautet nach (3.17)

$$f'(z) = 2x + j \cdot 2y = 2(x + j\,y) = 2z.$$

Das gleiche Ergebnis würde sich nach (3.11) ergeben.

c) $f(z) = \bar{z} = x - j\,y$, $u = x$, $u_x = 1$, $u_y = 0$, $v = -y$, $v_x = 0$, $v_y = -1$. Die Cauchy-Riemannschen Differentialgleichungen (3.16) werden an keiner Stelle erfüllt, denn es gilt $u_x \neq v_y$. $f(z) = \bar{z}$ ist also eine überall stetige, aber nirgends differenzierbare Funktion.

Es kann gezeigt werden, daß eine in G holomorphe Funktion stets sämtliche Ableitungen beliebig hoher Ordnung besitzt. Wir können somit auch die Cauchy-Riemannschen Differentialgleichungen differenzieren und erhalten

$$\frac{\partial^2 u}{\partial x^2} = \frac{\partial^2 v}{\partial y\,\partial x}, \quad \frac{\partial^2 u}{\partial x\,\partial y} = \frac{\partial^2 v}{\partial y^2}, \quad \frac{\partial^2 v}{\partial x^2} = -\frac{\partial^2 u}{\partial y\,\partial x}, \quad \frac{\partial^2 v}{\partial x\,\partial y} = -\frac{\partial^2 u}{\partial y^2}.$$

Unter Anwendung des Satzes von Schwarz (Bd. 4, 3.2.) folgt

und
$$\frac{\partial^2 u}{\partial x^2} = \frac{\partial^2 v}{\partial y\, \partial x} = \frac{\partial^2 v}{\partial x\, \partial y} = -\frac{\partial^2 u}{\partial y^2} \tag{3.18}$$

$$\frac{\partial^2 v}{\partial y^2} = \frac{\partial^2 u}{\partial x\, \partial y} = \frac{\partial^2 u}{\partial y\, \partial x} = -\frac{\partial^2 v}{\partial x^2}. \tag{3.19}$$

Bei Benutzung des Laplace-Operators Δu (vgl. Bd. 8, 4.2., 4.4.) bzw. Δv ergibt sich aus (3.18) bzw. (3.19)

bzw.
$$\Delta u \equiv \frac{\partial^2 u}{\partial x^2} + \frac{\partial^2 u}{\partial y^2} = 0 \tag{3.20}$$

$$\Delta v \equiv \frac{\partial^2 v}{\partial x^2} + \frac{\partial^2 v}{\partial y^2} = 0. \tag{3.21}$$

Definition 3.5: *Jede Funktion* $\varphi(x, y)$, *die in einem Gebiet G der* **Laplaceschen Differen-** D.3.5
tialgleichung

$$\Delta \varphi \equiv \frac{\partial^2 \varphi}{\partial x^2} + \frac{\partial^2 \varphi}{\partial y^2} = 0 \tag{3.22}$$

genügt, heißt **harmonische Funktion** *oder* **Potentialfunktion.** *Eine* **reguläre Potential-**
funktion *liegt im Gebiet G vor, wenn sie dort stetige partielle Ableitungen zweiter*
Ordnung besitzt.

Aus den Gleichungen (3.20) und (3.21) folgt das wichtige Ergebnis: Real- und Imaginärteil einer holomorphen Funktion sind reguläre Potentialfunktionen.

Potentialfunktionen spielen eine herausragende Rolle bei der Behandlung stationärer Prozesse in Physik und Technik. Zum Beispiel können elektrostatische Felder, stationäre Strömungen, stationäre Temperaturverteilungen und Gravitationspotentiale durch Lösungen der Potentialgleichung $\Delta u = f$ mit entsprechenden Randbedingungen beschrieben werden. Man vgl. dazu auch Bd. 8.

Der Zusammenhang zwischen der Potentialtheorie und der Theorie der komplexen Funktionen kann über die Behandlung der praktisch wichtigen ebenen Potentialströmung erhalten werden. Bei diesen Strömungen genügt die Untersuchung in einer Ebene, da in parallelen Ebenen die Bewegung ebenso erfolgt. Die zu ebenen Potentialströmungen gehörigen Potentialfunktionen erfüllen die Gleichung (3.22) und können deshalb durch holomorphe Funktionen beschrieben werden.

Genügen zwei reguläre Potentialfunktionen den Cauchy-Riemannschen Differentialgleichungen, dann nennt man sie **konjugierte Potentialfunktionen.** Im allgemeinen ist eine aus zwei beliebigen harmonischen Funktionen $u(x, y)$ und $v(x, y)$ zusammengesetzte komplexe Funktion $f(z) = u(x, y) + jv(x, y)$ nicht holomorph, da holomorphe Funktionen die Cauchy-Riemannschen Differentialgleichungen (3.16) erfüllen müssen.

Falls eine reguläre Potentialfunktion $u(x, y)$ gegeben ist, kann die konjugierte Potentialfunktion $v(x, y)$ mit Hilfe der Cauchy-Riemannschen Differentialgleichungen (3.16) bis auf eine additive Konstante berechnet werden. $f(z) = u(x, y) + jv(x, y)$ stellt dann als holomorphe Funktion ein komplexes Potential dar.

Beispiel 3.6: Gegeben ist die Funktion $u(x, y) = x^2 - y^2 + xy$. Ist u eine Potentialfunktion? Wenn ja, dann bestimmen Sie die zu $u(x, y)$ konjugierte Potentialfunktion unter der Bedingung, daß $f(0) = 0$ ist $(f(z) = u(x, y) + j\, v(x, y))$.

3*

Lösung: $u = x^2 - y^2 + xy$, $u_x = 2x + y$, $u_{xx} = 2$, $u_y = -2y + x$, $u_{yy} = -2$. Wegen $u_{xx} + u_{yy} = 2 - 2 = 0$ liegt also eine Potentialfunktion vor. Nach (3.16) gilt für die zugehörige konjugierte Potentialfunktion

$$v_y = u_x = 2x + y \qquad (3.23)$$

und

$$v_x = -u_y = 2y - x. \qquad (3.24)$$

Aus (3.23) folgt durch Integration nach y, wenn x zunächst als konstant angesehen wird und $\varphi(x)$ eine noch zu bestimmende Funktion von x ist,

$$v(x, y) = 2xy + \tfrac{1}{2}y^2 + \varphi(x). \qquad (3.25)$$

Daraus folgt

$$v_x = 2y + \varphi'(x),$$

und durch Gleichsetzen mit (3.24) erhalten wir

$$2y - x = 2y + \varphi'(x) \Rightarrow \varphi(x) = -\frac{x^2}{2} + C \quad (C = \text{const}).$$

Einsetzen in (3.25) ergibt

$$v(x, y) = 2xy + \tfrac{1}{2}y^2 - \tfrac{1}{2}x^2 + C.$$

Weiter folgt

$$f(z) = u + \mathrm{j}\,v = x^2 - y^2 + xy + \mathrm{j}\big(\tfrac{1}{2}(y^2 - x^2) + 2xy + C\big).$$

Mit $f(0) = 0$ erhalten wir

$$0 = \mathrm{j}C \Rightarrow C = 0,$$

$$f(z) = x^2 - y^2 + xy + \mathrm{j}\big(\tfrac{1}{2}(y^2 - x^2) + 2xy\big) = x^2 - y^2 + \mathrm{j}\cdot 2xy - \frac{\mathrm{j}}{2}(x^2 - y^2 + \mathrm{j}\cdot 2xy),$$

$$f(z) = z^2 - \frac{\mathrm{j}}{2}z^2 = \frac{z^2}{2}(2 - \mathrm{j}).$$

Bildet man das Skalarprodukt der beiden Gradienten grad $u = \left(\dfrac{\partial u}{\partial x}, \dfrac{\partial u}{\partial y}\right) \neq o$ und grad $v = \left(\dfrac{\partial v}{\partial x}, \dfrac{\partial v}{\partial y}\right) \neq 0$ zweier konjugierter Potentialfunktionen u und v, dann folgt

$$\operatorname{grad} u \cdot \operatorname{grad} v = \frac{\partial u}{\partial x}\frac{\partial v}{\partial x} + \frac{\partial u}{\partial y}\frac{\partial v}{\partial y}$$

und bei Berücksichtigung von (3.16)

$$\operatorname{grad} u \cdot \operatorname{grad} v = \frac{\partial u}{\partial x}\frac{\partial v}{\partial x} + \left(-\frac{\partial v}{\partial x}\right)\frac{\partial u}{\partial x} = 0,$$

d. h., für beliebige Konstanten C_1, C_2 schneiden sich die Kurvenscharen $u(x, y) = C_1$ und $v(x, y) = C_2$ rechtwinklig; sie bilden ein *Orthogonalsystem*. Diese Eigenschaft konjugierter Potentialfunktionen finden wir z. B. bei Niveau- und Feldlinien. Jeder beliebige in der z-Ebene durch eine Kurvenschar $u(x, y) = C_1$ oder $v(x, y) = C_2$ darstellbare Potentialverlauf kann somit in der w-Ebene als Geradenschar abgebildet und z. B. als Potentialverlauf eines unendlich ausgedehnten Plattenkondensators gedeutet werden.

Für bestimmte Anwendungen der Potentialfunktionen ist die Darstellung in Polarkoordinaten zweckmäßig. Mit $x = r \cos \varphi$, $y = r \sin \varphi$ und $z = r\, e^{j\varphi}$ können wir schreiben

$$f(z) = u(x, y) + j\, v(x, y) = \tilde{u}(r, \varphi) + j\, \tilde{v}(r, \varphi).$$

Wir bilden

$$\tilde{u}_r = u_x x_r + u_y y_r = u_x \cos \varphi + u_y \sin \varphi,$$

$$\tilde{u}_\varphi = u_x x_\varphi + u_y y_\varphi = -u_x r \sin \varphi + u_y r \cos \varphi,$$

$$\tilde{v}_r = v_x x_r + v_y y_r = v_x \cos \varphi + v_y \sin \varphi,$$

$$\tilde{v}_\varphi = v_x x_\varphi + v_y y_\varphi = -v_x r \sin \varphi + v_y r \cos \varphi.$$

Unter Beachtung von (3.16) folgen daraus die Cauchy-Riemannschen Differentialgleichungen in Polarkoordinaten

$$r\, \frac{\partial \tilde{u}}{\partial r} = \frac{\partial \tilde{v}}{\partial \varphi} \quad \text{und} \quad \frac{\partial \tilde{u}}{\partial \varphi} = -r\, \frac{\partial \tilde{v}}{\partial r}. \tag{3.26}$$

Aufgabe 3.3: Untersuchen Sie, in welchen Punkten die Funktionen a) $f(z) = x^3 y^2 - j\, x^2 y^3$,   *****
b) $f(z) = \dfrac{\bar{z}}{z}$, $z \neq 0$, c) $f(z) = 1 - \dfrac{1}{z}$ nach z differenzierbar sind. Wie lauten ihre Ableitungen?

Aufgabe 3.4: Gegeben sind die Potentialfunktionen a) $u(x, y) = g(x)$, b) $v(x, y) = ax^2 + bxy + cy^2$.   *****
Bestimmen Sie die dazugehörigen holomorphen Funktionen $f(z) = u + j\, v$. Wie lautet $g(x)$? Welchen Bedingungen müssen b und c in b) genügen, damit $f(z)$ eine holomorphe Funktion mit $f(1 + j) = 0$ ist? Wie lautet für diesen Fall $w = f(z)$ (a, b, c const)?

3.4.   Konforme Abbildungen

Im Abschnitt 3.1. wurde die geometrische Deutung einer komplexen Funktion mit Hilfe ihres Betrages erläutert. Nachdem anschließend die Stetigkeit und Differenzierbarkeit behandelt wurden, sollen jetzt grundlegende Abbildungseigenschaften einer holomorphen Funktion $w = f(z)$ in ihrem Regularitätsgebiet G unter der Voraussetzung $f'(z_0) \neq 0$, $z_0 \in G$, untersucht werden.

Durch einen Punkt $z_0 \in G$ legen wir zwei glatte Kurvenstücke $\mathfrak{C}_1$ und $\mathfrak{C}_2$, die mit der reellen Achse die Winkel α_1 und α_2 einschließen. Die entsprechenden Bildkurven in der w-Ebene $\mathfrak{C}_1^*$ und $\mathfrak{C}_2^*$ schließen mit der reellen Achse der w-Ebene die Winkel α_1^* und α_2^* ein. Im gleichen Abstand ϱ von z_0 wählen wir auf $\mathfrak{C}_1$ und auf $\mathfrak{C}_2$ je einen Punkt z_1 und z_2. Dann gilt

$$z_1 - z_0 = \varrho\, e^{j\beta_1} \quad \text{und} \quad z_2 - z_0 = \varrho\, e^{j\beta_2},$$

wobei $\beta_1 \to \alpha_1$ und $\beta_2 \to \alpha_2$ für $\varrho \to 0$ streben (Bild 3.9). Für die entsprechenden Bildpunkte in der w-Ebene gilt

$$f(z_1) - f(z_0) = \varrho_1^*\, e^{j\beta_1^*} \quad \text{und} \quad f(z_2) - f(z_0) = \varrho_2^*\, e^{j\beta_2^*},$$

wobei

$$\beta_1^* \to \alpha_1^*, \qquad \beta_2^* \to \alpha_2^* \qquad \text{und} \qquad \varrho_1^*, \varrho_2^* \to 0 \quad \text{für} \quad \varrho \to 0$$

gehen (Bild 3.10). Da Differenzierbarkeit vorausgesetzt war, gilt

$$f'(z_0) = \lim_{z_1 \to z_0} \frac{f(z_1) - f(z_0)}{z_1 - z_0} = \lim_{z_2 \to z_0} \frac{f(z_2) - f(z_0)}{z_2 - z_0}\,.$$

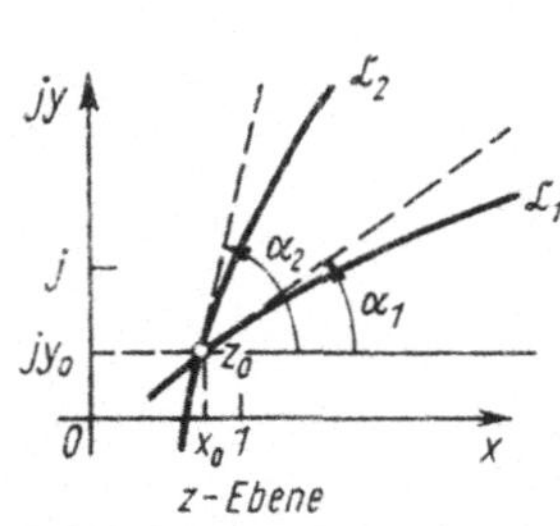

Bild 3.9. z-Ebene

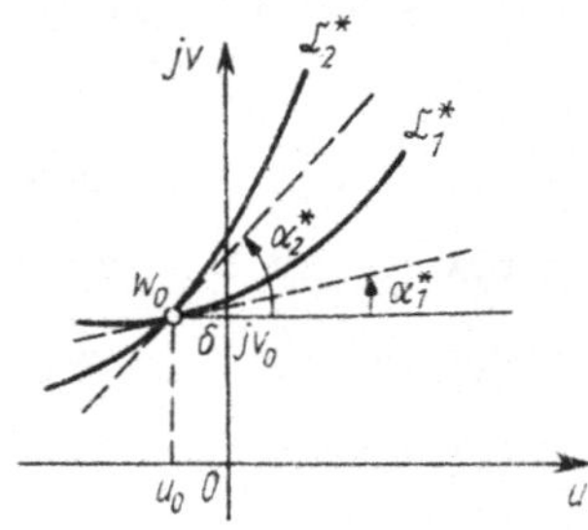

Bild 3.10. w-Ebene

Mit $f'(z_0) = |f'(z_0)|\, e^{j\varphi} = r\, e^{j\varphi} \neq 0$ erhalten wir

$$r\, e^{j\varphi} = \lim_{\varrho \to 0} \frac{\varrho_1^*}{\varrho}\, e^{j(\beta_1^* - \beta_1)} = \lim_{\varrho \to 0} \frac{\varrho_2^*}{\varrho}\, e^{j(\beta_2^* - \beta_2)}\,.$$

Daraus folgt wegen der Gleichheit von Betrag und Argument

$$|f'(z_0)| = r = \lim_{\varrho \to 0} \frac{\varrho_1^*}{\varrho} = \lim_{\varrho \to 0} \frac{\varrho_2^*}{\varrho} > 0, \tag{3.27}$$

$$\varphi = \lim_{\varrho \to 0} (\beta_1^* - \beta_1) = \lim_{\varrho \to 0} (\beta_2^* - \beta_2). \tag{3.28}$$

Die Betragsbeziehung (3.27) besagt, daß der „Maßstabsfaktor r" nur von der Lage des Punktes z_0 abhängig ist. Aus der Argumentbeziehung (3.28) folgt für $\varrho \to 0$ $\beta_1^* \to \alpha_1^*$, $\beta_1 \to \alpha_1$ sowie $\beta_2^* \to \alpha_2^*$, $\beta_2 \to \alpha_2$ und damit $\alpha_1^* - \alpha_2^* = \alpha_1 - \alpha_2$. Der Winkel zwischen den beiden Kurvenstücken bleibt bei der Abbildung durch eine holomorphe Funktion erhalten.

Es gilt der Satz:

S.3.6 **Satz 3.6:** *Ist $w = f(z)$ eine holomorphe Funktion in G und $f'(z_0) \neq 0$ $(z_0 \in G)$, dann ist die Abbildung $w = f(z)$ winkeltreu, d. h., zwei sich in z_0 unter dem Winkel α schneidende stetige, orientierte Kurven $\mathfrak{C}_1$, $\mathfrak{C}_2$ gehen durch die Abbildung $w = f(z)$ in zwei stetige, orientierte Kurven $\mathfrak{C}_1'$, $\mathfrak{C}_2'$ über, die sich in $w_0 = f(z_0)$ unter dem gleichen Winkel α schneiden.*

Bezeichnen wir mit $\Delta z = z - z_0$ und $\Delta f = f(z) - f(z_0)$ die in den Bildern 3.11 und 3.12 eingezeichneten Vektoren bzw. Zeiger, dann drückt das Verhältnis $|\Delta f/\Delta z|$ die Längenänderung aus, die $|\Delta z|$ bei der Abbildung erfährt. Nach (3.5) gilt unabhängig von der Art der Annäherung $z \to z_0$

$$\lim_{z \to z_0} \frac{f(z) - f(z_0)}{z - z_0} = f'(z_0) \quad \text{oder} \quad \frac{f(z) - f(z_0)}{z - z_0} \to f'(z_0). \tag{*}$$

Dieser Grenzübergang kann also auf einer beliebigen stetigen Kurve $\mathfrak{C}$ erfolgen. Aus

$$\left| \frac{f(z) - f(z_0)}{z - z_0} \right| \to |f'(z_0)|$$

folgt für das Verhältnis der Längen der beiden Vektoren Δf und Δz:

$$\frac{|\Delta f|}{|\Delta z|} = \frac{|f(z) - f(z_0)|}{|z - z_0|} \rightarrow \frac{|f'(z_0)|}{1}.$$

Längenelemente der z-Ebene werden bei der Abbildung in die w-Ebene um den Faktor $f'(z)$ verzerrt (gestreckt oder gestaucht). Die durch eine analytische Funktion vermittelte Abbildung erzeugt daher in jedem Punkt z_0, für den $f'(z_0) \neq 0$ gilt, eine von der Richtung unabhängige Verzerrung. Abbildungen, die diese Eigenschaften besitzen, heißen in kleinsten Teilen **maßstabstreue Abbildungen**.

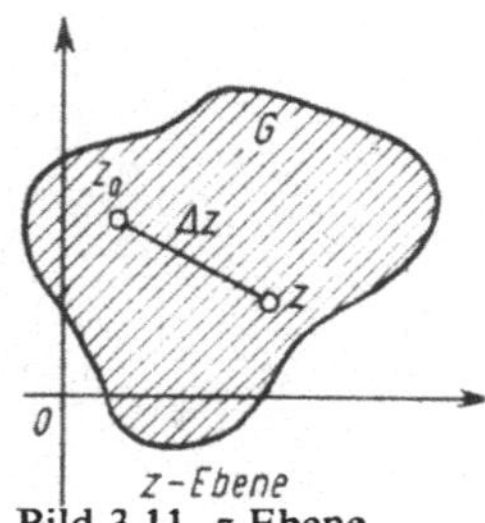

Bild 3.11. z-Ebene

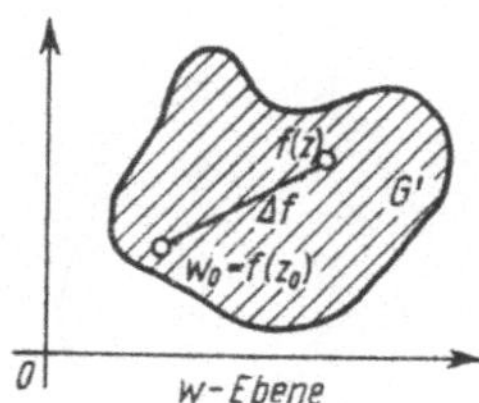

Bild 3.12. w-Ebene

Definition 3.6: *Eine Abbildung, die in z_0 winkeltreu und in kleinsten Teilen maßstabs- treu ist, heißt* **konform** *(oder ähnlich im Kleinen).* **D.3.6**

Damit kann der grundlegende Satz ausgesprochen werden:

Satz 3.7: *Die durch holomorphe Funktionen erzeugten Abbildungen sind für $f'(z) \neq 0$ **S.3.7** konform.*

Jede durch eine holomorphe Funktion erzeugte Abbildung ist für $f'(z) \neq 0$ aber nicht nur schlechthin in kleinsten Teilen maßstabs- und winkeltreu, sondern es bleibt auch der Drehsinn des Winkels erhalten. Man spricht in diesem Fall auch von konformer Abbildung 1. Art oder eigentlich konformer Abbildung.

Ist neben der Maßstabstreue in kleinsten Teilen bei einer Abbildung Winkeltreue vorhanden, wobei sich aber der Drehsinn des Winkels umkehrt, dann spricht man von konformer Abbildung 2. Art.

Ist $w = f(z)$ eine holomorphe Funktion, dann wird durch $w = \overline{f(z)}$ eine konforme Abbildung 2. Art realisiert, was sich leicht zeigen läßt: Wir zerlegen die Abbildung $w = \overline{f(z)}$ in die zwei nacheinander folgenden Abbildungen $w^* = f(z)$ und $w = \overline{w^*}$. Da $f(z)$ eine holomorphe Funktion darstellt, ist die erste Abbildung $w^* = f(z)$ u. a. winkeltreu mit gleichem Drehsinn. Bei der zweiten Abbildung $w = \overline{w^*}$ bleibt zwar der Winkel erhalten, aber der Drehsinn ändert sich, da $\overline{w^*}$ konjugiert komplex zu w^* ist. Bei der resultierenden Abbildung $w = \overline{f(z)}$ geht also der Drehsinn in den entgegengesetzten über. Bei allen betrachteten Abbildungen ist Maßstabstreue in kleinsten Teilen vorhanden; es liegen also konforme Abbildungen vor. Ohne Beweis sei der folgende Satz angegeben:

Satz 3.8: *Jede durch eine holomorphe Funktion $w = f(z)$ erzeugte Abbildung ist für **S.3.8** $f'(z) \neq 0$ eine konforme Abbildung erster Art. Jede durch eine zu einer holomorphen*

Funktion konjugiert komplexe Funktion $w = \overline{f(z)}$ *erzeugte Abbildung stellt für* $f'(z) \neq 0$ *eine konforme Abbildung zweiter Art dar.*

Ein Beispiel für die konforme Abbildung zweiter Art ist die Spiegelung am Kreis, auf die wir in 6.1.2. noch näher eingehen. In Physik, Mechanik, Elektrotechnik, Kartografie u. a. Gebieten spielt die konforme Abbildung eine große Rolle. Es sei hier nur auf die sog. Joukowski-Funktion $f(z) = z + \dfrac{1}{z}, z \neq 0$, verwiesen. Mit ihrer Hilfe kann die Aufgabe, die Geschwindigkeit der Luftteilchen, die einen Tragflügel umströmen, zu berechnen, darauf zurückgeführt werden, die Umströmung eines Kreiszylinders zu betrachten (vgl. Bild 3.13 und 3.14).

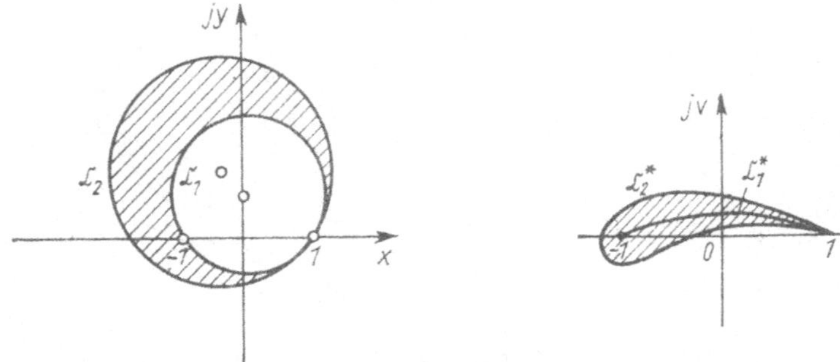

Bild 3.13. Konforme Abbildung eines Kreises auf ein Joukowski-Profil   Bild 3.14. Joukowski-Profil

Die Theorie der konformen Abbildung, deren Grundproblem darin besteht, zwei gegebene Gebiete konform aufeinander abzubilden, hat insbesondere auch für die Realisierung praktischer Anwendungen erhebliche Bedeutung. Zur Existenz solcher Abbildungen müssen allerdings für die aufeinander abzubildenden Gebiete gewisse Eigenschaften vorausgesetzt werden. Zum Beispiel gelingt es nicht, ein mehrfach zusammenhängendes Gebiet konform auf ein einfach zusammenhängendes Gebiet abzubilden. Jedoch läßt sich jedes zweifach zusammenhängende Gebiet ohne isolierte Randpunkte umkehrbar eindeutig und konform auf einen konzentrischen Kreisring abbilden. Die praktisch wichtige Aufgabe, eine umkehrbar eindeutige und konforme Abbildung zweier einfach zusammenhängender Gebiete zu konstruieren, wird auf die Grundaufgabe zurückgeführt, eine eineindeutige Abbildung eines derartigen Gebietes auf eine Kreisfläche zu berechnen. Als theoretische Grundlage dazu dient der von Riemann in seiner Dissertation 1851 bewiesene Abbildungssatz.

S.3.9   **Satz 3.9 (Riemannscher Abbildungssatz):** *Jedes einfach zusammenhängende schlichte (d. h. einblättrige) Gebiet mit mindestens zwei Randpunkten läßt sich durch eine analytische Funktion umkehrbar eindeutig auf die Fläche eines Kreises abbilden.*

Mit dem Riemannschen Abbildungssatz, der Poissonschen Integralformel (siehe 4.4.) und weiteren Sätzen über die konforme Abbildung erhält man ein systematisches Hilfsmittel zur Lösung von Randwertaufgaben für ebene Felder. Hierzu muß auf die einschlägige Literatur, z. B. [2], [12], verwiesen werden.

Beispiel 3.7: Unter den Anwendungen der Funktionentheorie soll die stationäre inkompressible und wirbelfreie ebene Potentialströmung hervorgehoben werden. Das **Geschwindigkeitspotential** $U(x, y)$ genügt der Laplaceschen Gleichung

$$\Delta U = \frac{\partial^2 U}{\partial x^2} + \frac{\partial^2 U}{\partial y^2} = 0.$$

Zwischen $U(x, y)$ und den Komponenten v_x und v_y des Feldvektors $\mathbf{v}(x, y)$ gelten die Beziehungen

$$v_x = \frac{\partial U}{\partial x}, \qquad v_y = \frac{\partial U}{\partial y}.$$

Die **Feld- oder Stromfunktion** $V(x, y)$, die als konjugierte Potentialfunktion mit $U(x, y)$ über die Cauchy-Riemannschen Differentialgleichungen (3.16)

$$\frac{\partial U}{\partial x} = \frac{\partial V}{\partial y}, \qquad \frac{\partial U}{\partial y} = -\frac{\partial V}{\partial x}$$

zusammenhängt, genügt ebenfalls der Laplaceschen Differentialgleichung

$$\Delta V = \frac{\partial^2 V}{\partial x^2} + \frac{\partial^2 V}{\partial y^2} = 0.$$

Mit

$$w = U(x, y) + jV(x, y)$$

erhalten wir das **komplexe Geschwindigkeitspotential** als holomorphe Funktion, deren Realteil das (reelle) Geschwindigkeitspotential und deren Imaginärteil die Feld- bzw. Stromfunktion ist.

Wie wir in 3.3.3. gezeigt haben, bilden die Linien $U = $ const und $V = $ const ein orthogonales Netz. Bei Anwendungsaufgaben wird nun versucht, diese Linien $U = $ const und $V = $ const mit Hilfe der konformen Abbildung zu gewinnen. Das Problem besteht dabei darin, die für den jeweiligen Fall geeignete Abbildung zu finden. Umgekehrt kann man natürlich auch eine konforme Abbildung als Strömung in der z-Ebene auffassen.

Im Bild 3.15 ist ein Strömungsvorgang angedeutet, der z. B. entsteht, wenn eine Parallelströmung auf ein Hindernis trifft, das die Form eines Kreiszylinders hat.

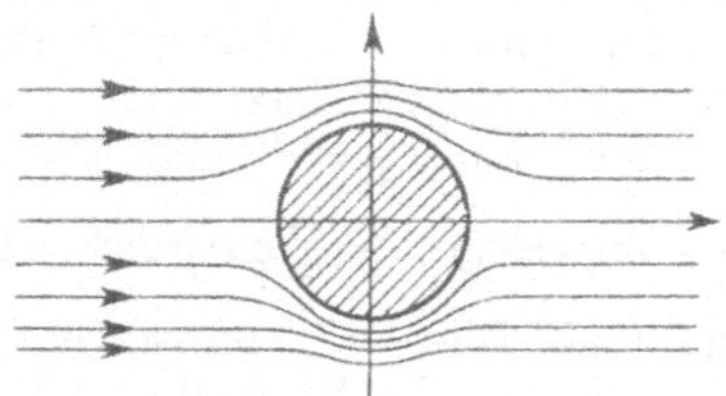

Bild 3.15. Parallelströmung

Während die Stromlinien in unmittelbarer Nähe des Hindernisses kreisförmig sein müssen, sind sie in großer Entfernung vom Hindernis Parallele zur reellen Achse. Derartige Strömungen lassen sich durch Funktionen der Form

$$w = f(z) = a\left(z + \frac{b}{z}\right) \quad (a, b \text{ reell}) \tag{3.29}$$

beschreiben. Im Falle $a = 1$ und $b = 1$ ergibt sich aus (3.29) die sog. Joukowskische Funktion. Trennen wir (3.29) in Real- und Imaginärteil, so erhalten wir

$$f(z) = a\left[x\left(1 + \frac{b}{x^2 + y^2}\right) + \mathrm{j}y\left(1 - \frac{b}{x^2 + y^2}\right)\right].$$

$U = ax\left(1 + \dfrac{b}{x^2 + y^2}\right)$ ist somit die Potentialfunktion und $V = ay\left(1 - \dfrac{b}{x^2 + y^2}\right)$ die Stromfunktion. Die Schar der Stromlinien folgt aus $V = c$ (reell, const). Insbesondere liefert $V = 0$ die Gleichung

$$1 - \frac{b}{x^2 + y^2} = 0 \Rightarrow x^2 + y^2 = b,$$

eine Kreisgleichung mit Radius $\sqrt{b}$.

Aufgabe 3.5 : Eine ebene Potentialströmung sei durch ihr komplexes Potential $w = f(z) = U(x, y) + \mathrm{j}V(x, y)$ bestimmt. Man bestimme für die Funktion $w = f(z) = \dfrac{1}{z^2}$ die Stromlinien $V(x, y)$ = const und die Äquipotentiallinien $U(x, y)$ = const.

3.5. Elementare Funktionen komplexer Veränderlicher

3.5.1. Die Potenzfunktion $w = z^n$

Analog zum Reellen bezeichnen wir die für $n \in G$ definierte Funktion

$$w = f(z) = z^n \tag{3.30}$$

als **Potenzfunktion** der komplexen Veränderlichen z. Für $n > 0$ ist $w = z^n$ in der ganzen z-Ebene holomorph, für $n = 0$ gilt $w = z^0 = 1$, und für $n < 0$ liegt eine für $z \neq 0$ holomorphe Funktion vor. Während für $n = 1$ durch die lineare Potenzfunktion $w = z$ die z-Ebene umkehrbar eindeutig auf die w-Ebene abgebildet werden kann, es liegt in diesem Fall ja sogar eine identische Abbildung vor, ist die Abbildung vermittels der Funktion $w = z^n$ für $n \geq 2$ nicht mehr umkehrbar eindeutig, wie wir auch schon in Aufgabe 3.2 für $n = 2$ festgestellt hatten. Setzt man $z = r\,\mathrm{e}^{\mathrm{j}\varphi}$ und $w = \varrho\,\mathrm{e}^{\mathrm{j}\delta}$, dann folgt $w = (r\,\mathrm{e}^{\mathrm{j}\varphi})^n = r^n\,\mathrm{e}^{\mathrm{j}n\varphi}$ und damit $\varrho = r^n$ und $\delta = n\varphi + 2k\pi$.

Das bedeutet, daß der durch $0 \leq \varphi < \dfrac{2\pi}{n}$ festgelegte Winkelbereich der z-Ebene (vgl. Bild 3.16) auf die gesamte w-Ebene (vgl. Bild 3.17) umkehrbar eindeutig abgebildet wird. Die gesamte z-Ebene kann in n solche Winkelbereiche aufgeteilt werden, jeder derartige Bereich wird bei der Abbildung $w = z^n$ in die volle w-Ebene übergehen. Das bedeutet, daß die w-Ebene n-fach überdeckt ist. Eine umkehrbar eindeutige Abbildung der gesamten z-Ebene erhält man, wenn die z-Ebene in die **n-blättrige Riemannsche Fläche** abgebildet wird.

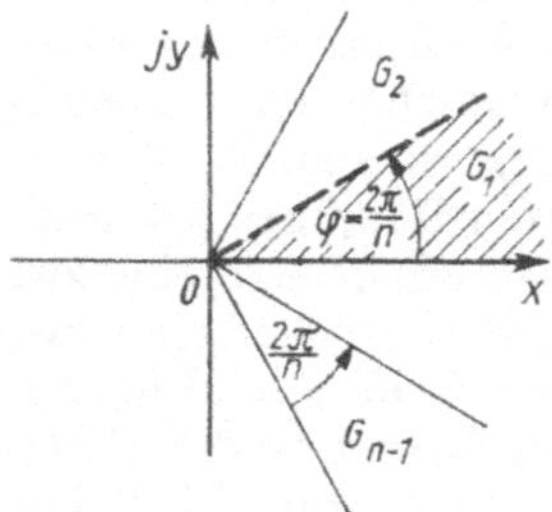

Bild 3.16. z-Ebene

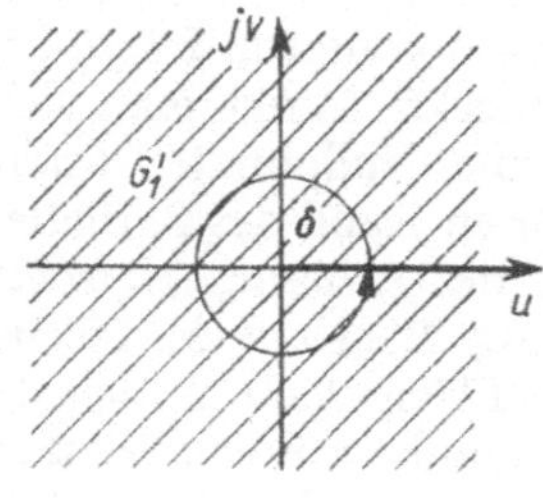

Bild 3.17. w-Ebene

Am Beispiel $w = f(z) = z^2$ wollen wir uns das veranschaulichen. Setzt man $z = r\,\mathrm{e}^{\mathrm{j}\varphi}$ in $w = z^2$ ein, so folgt

$$w = r^2\,\mathrm{e}^{\mathrm{j}\cdot 2\varphi} \qquad |w| = r^2, \qquad \arg w = 2\varphi.$$

Durchläuft z den in der rechten Halbebene Re $(z) > 0$ gelegenen Halbkreis K: $|z| = r$ mit $-\dfrac{\pi}{2} < \varphi < \dfrac{\pi}{2}$, dann durchläuft w den auf der negativen reellen Achse aufgeschnittenen Vollkreis K^*: $|w| = r^2$ für $-\pi < \arg w < \pi$ (vgl. Bild 3.18 und 3.19). K und K^* sind eineindeutig aufeinander abgebildet. Da r alle Werte $0 < r < \infty$ durchlaufen kann, wird also durch $w = z^2$ die rechte Halbebene Re $(z) > 0$ eineindeutig auf die längs der negativen reellen Achse aufgeschnittenen w-Ebene abgebildet. Nimmt man zur Halbebene Re $(z) > 0$ noch die positive imaginäre Achse und

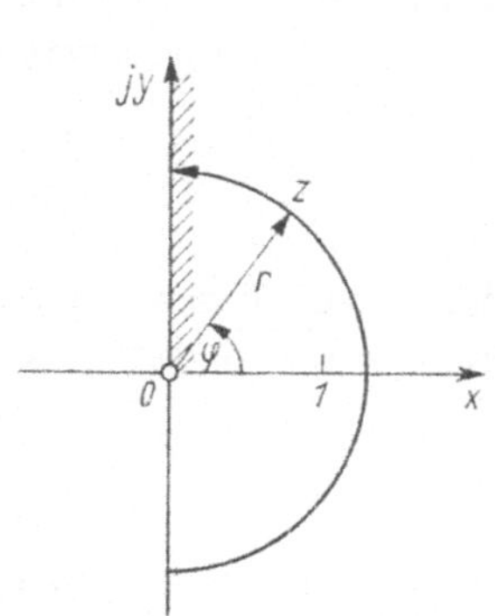

Bild 3.18. z-Ebene

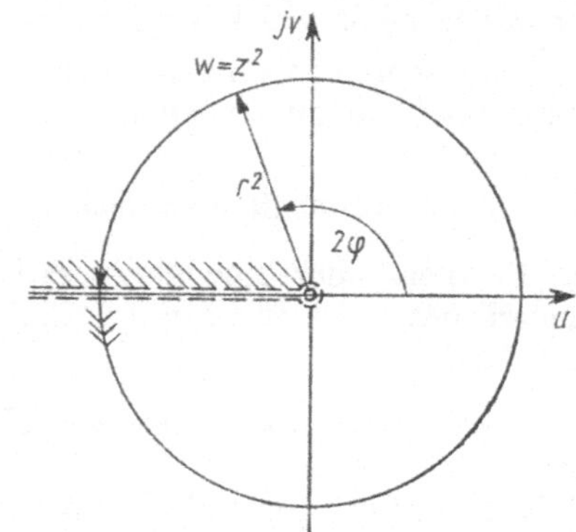

Bild 3.19. w-Ebene

in der aufgeschnittenen w-Ebene den oberen Rand (im Bild gestrichelt gezeichnet) hinzu, dann bleibt die Eineindeutigkeit der Abbildung $w = z^2$ erhalten. Da $f'(z) = (z^2)' = 2z$ für $z \neq 0$ nirgends verschwindet, ist die Abbildung konform.

Analog kann auch die linke Halbebene Re $(z) < 0$, zu der wir die negative imaginäre Achse hinzunehmen $\left(\dfrac{\pi}{2} < \varphi \le \dfrac{3\pi}{2}\right)$, durch $w = z^2$ eineindeutig in die längs der negativen reellen Achse aufgeschnittene w-Ebene, zu der wieder der obere Rand der negativen reellen Achse der w-Ebene gehört, abgebildet werden. Die Abbildung ist wieder für $z \ne 0$ konform. Die w-Ebene wird also mit Ausnahme des Punktes $w = 0$ doppelt überdeckt. Denkt man sich die beiden aufgeschnittenen Ebenen übereinandergelegt, die Nullpunkte zusammengeheftet, den oberen Rand **des 1.** Blattes mit dem unteren Rand des 2. Blattes und den unteren Rand des 1. Blattes mit dem oberen Rand des 2. Blattes kreuzweise verbunden, so erhält man eine zweiblättrige Fläche, die sog. **Riemannsche Fläche** der Funktion $w = z^2$. Auf diese zweiblättrige Riemannsche Fläche kann mittels der Abbildungsvorschrift $w = z^2$ die z-Ebene eineindeutig abgebildet werden. Diese Abbildung ist mit Ausnahme des „Verzweigungspunktes‘‘ oder des „Windungspunktes‘‘ $w = 0$ konform (Bild 3.20). Die endlichblättrigen Verzweigungspunkte rechnet man zur Riemannschen Fläche mit hinzu.

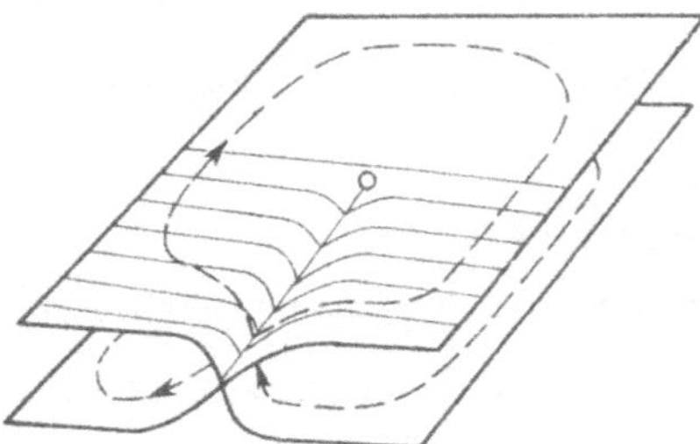

Bild 3.20
Zweiblättrige Riemannsche Fläche

Da die Funktion $w = z^n$ $(n \in \mathsf{N})$ die z-Ebene eineindeutig auf die n-blättrige Riemannsche Fläche abbildet, können sofort auch Aussagen darüber gemacht werden, wenn w als der gegebene und z als der zugeordnete Wert betrachtet werden. Ist $w \ne 0$ gegeben, dann gibt es n verschiedene Werte z, für die $z^n = w$ ist. Jeder dieser Werte heißt n-**te Wurzel aus** w. In der Literatur ist es häufig üblich, dafür $z = \sqrt[n]{w}$ zu schreiben und darunter für $k = 0, 1, 2, \ldots, n-1$ die n verschiedenen Wurzeln aus (3.30) zu verstehen.

3.5.2. Ganze rationale Funktionen

Ein **Polynom** oder eine **ganze rationale Funktion** n-**ten Grades der komplexen Veränderlichen** z ist für $i = 0, 1, 2, \ldots, n$ und mit a_i als komplexen Konstanten erklärt durch

$$w = P_n(z) = a_0 + a_1 z + a_2 z^2 + \ldots + a_n z^n = \sum_{i=0}^{n} a_i z^i. \qquad (3.31)$$

$P_n(z)$ ist in der ganzen z-Ebene holomorph. Bedeuten z_i die Nullstellen von $P_n(z)$, dann kann nach dem Hauptsatz der Algebra für (3.31) geschrieben werden

$$w = P_n(z) = a_n(z - z_1)(z - z_2) \ldots (z - z_n). \qquad (3.32)$$

Die z_i müssen dabei nicht alle voneinander verschieden sein, d. h., es können mehrfache Nullstellen auftreten.

Die Funktion $P_1(z) = a_0 + a_1 z$ heißt **ganze lineare Funktion.**

3.5.3. Rationale Funktionen

Der Quotient zweier ganzer rationaler Funktionen der komplexen Veränderlichen z heißt **rationale Funktion der komplexen Veränderlichen** z:

$$w = R(z) = \frac{P(z)}{Q(z)} = \frac{a_0 + a_1 z + a_2 z^2 + \ldots + a_n z^n}{b_0 + b_1 z + b_2 z^2 + \ldots + b_m z^m} = \frac{\sum\limits_{i=0}^{n} a_i z^i}{\sum\limits_{i=0}^{m} b_i z^i}. \tag{3.33}$$

$R(z)$ ist mit Ausnahme der Nullstellen des Nenners in der ganzen z-Ebene holomorph. Sind z_i die Nullstellen des Zählerpolynoms und z_i' die Nullstellen des Nennerpolynoms, dann kann für (3.33) unter der Voraussetzung, daß die Nullstellen des Zählerpolynoms verschieden von den Nullstellen des Nennerpolynoms sind, geschrieben werden:

$$w = R(z) = \frac{a_n(z - z_1)(z - z_2) \ldots (z - z_n)}{b_m(z - z_1')(z - z_2') \ldots (z - z_m')}. \tag{3.34}$$

Nullstellen des Nennerpolynoms nennt man Pole von $R(z)$. Pole können ebenfalls wie Nullstellen mehrfach auftreten. Rationale Funktionen sind bis auf den Faktor a_n/b_m durch ihre Nullstellen und Pole charakterisiert, wenn deren Vielfachheit bekannt ist. Vor allem für die Anwendungen ist es üblich, die sog. Pol-Nullstellen-Diagramme rationaler Funktionen anzugeben. Man trägt zu diesem Zweck Pole und Nullstellen der rationalen Funktion unter Angabe ihrer Vielfachheiten in die z-Ebene ein. Die Darstellung rationaler Funktionen als analytische Landschaft findet man u. a. in [8].

Für die folgenden Betrachtungen setzen wir weiter voraus, daß Zählerpolynom und Nennerpolynom von $R(z)$ keine gemeinsamen Nullstellen besitzen. Wir nennen $R(z)$ eine **echt gebrochen (unecht gebrochen)** rationale Funktion von z, je nachdem, ob der Grad des Zählerpolynoms kleiner (größer oder gleich) als der Grad des Nennerpolynoms ist. Es gilt analog zum Reellen (vgl. Band 2) der Satz:

Satz 3.10: *Jede echt gebrochen rationale Funktion* $R(z)$, *deren Nennerpolynom die* S.3.10
p verschiedenen Nullstellen z_i' mit den Vielfachheiten k_i besitzt, kann eindeutig in Partialbrüche derart zerlegt werden, so daß gilt

$$R(z) = \sum_{i=1}^{p} \left[\frac{A_{i1}}{(z - z_i')^{k_i}} + \frac{A_{i2}}{(z - z_i')^{k_i - 1}} + \ldots + \frac{A_{ik_i}}{z - z_i'} \right]. \tag{3.35}$$

Der Beweis dieses Satzes kann mit Hilfe der Laurent-Entwicklung erfolgen (vgl. 5.4.).

Beispiel 3.8: Zerlegen Sie

$$f(z) = \frac{z^2 + (-3 + j)z + 2 - 3j}{z^3 + (-5 + 2j)z^2 + (7 - 6j)z - 3 + 4j}$$

in Partialbrüche. Anmerkung: Eine Nullstelle des Nenners ist reell.

Lösung: Der Nenner besitzt an der Stelle $z_1' = 1$ eine Nullstelle. Durch

$$[z^3 + (-5 + 2j)z^2 + (7 - 6j)z - 3 + 4j] : (z - 1) = z^2 - (4 - 2j)z + (3 - 4j)$$

und Nullsetzen der so erhaltenen Funktion 2. Grades können die restlichen beiden Nullstellen bestimmt werden. Man erhält

$$z_2' = z_3' = 2 - j.$$

Damit gewinnen wir den Ansatz (nach (3.35)):

$$f(z) = \frac{z^2 + (-3 + j)\,z + 2 - 3j}{z^3 + (-5 + 2j)\,z^2 + (7 - 6j)\,z - 3 + 4j} = \frac{A_{11}}{z - 1} + \frac{A_{21}}{[z - (2 - j)]^2} + \frac{A_{22}}{z - (2 - j)}\,.$$

Durch Multiplikation mit dem Hauptnenner folgt

$$z^2 + (-3 + j)\,z + 2 - 3j = A_{11}[z - (2 - j)]^2 + A_{21}(z - 1)$$
$$+ A_{22}(z - 1)\,[z - (2 - j)]. \tag{*}$$

Wird die rechte Seite von (*) nach Potenzen von z geordnet und anschließend Koeffizientenvergleich durchgeführt, so können die Konstanten A_{ik} (im allgemeinen komplex) bestimmt werden. Man kann auch mit Hilfe der Grenzwertmethode zwei von den drei Konstanten ermitteln. Durch Ordnen finden wir aus (*):

$$z^2 + (-3 + j)\,z + 2 - 3j = z^2(A_{11} + A_{22}) + z[(-4 + 2j)\,A_{11} + A_{21} - (3 - j)\,A_{22}]$$
$$+ (3 - 4j)\,A_{11} - A_{21} + (2 - j)\,A_{22}\,.$$

Koeffizientenvergleich:

$$\begin{aligned}
1 &= A_{11} &&+ A_{22} \\
-3 + j &= -(4 - 2j)\,A_{11} + A_{21} &&+ (-3 + j)\,A_{22} \\
2 - 3j &= (3 - 4j)\,A_{11} - A_{21} &&+ (2 - j)\,A_{22}\,.
\end{aligned}$$

Daraus ergibt sich

$$A_{11} = 1, \qquad A_{21} = 1 - j \quad \text{und} \quad A_{22} = 0.$$

Die Partialbruchzerlegung lautet somit

$$\frac{z^2 + (-3 + j)\,z + 2 - 3j}{z^3 - (5 - 2j)\,z^2 + (7 - 6j)\,z - 3 + 4j} = \frac{1}{z - 1} + \frac{1 - j}{[z - (2 - j)]^2}\,.$$

Ist $n = m = 1$, dann erhalten wir aus (3.33) die **gebrochen lineare Funktion**

$$w = f(z) = \frac{a_0 + a_1 z}{b_0 + b_1 z}\,. \tag{3.36}$$

3.5.4.   Die Exponentialfunktion

Mit den beiden konjugierten Potentialfunktionen $u(x, y) = e^x \cos y$ und $v(x, y) = e^x \sin y$ definieren wir die Exponentialfunktion im Komplexen:

D.3.7 Definition 3.7: *Die durch* $w = e^x (\cos y + j \sin y)$, x, y *reell, erklärte komplexe Funktion* w *heißt* **Exponentialfunktion** *und wird mit* e^z *bezeichnet:*

$$w = e^z = e^{x + jy} = e^x (\cos y + j \sin y). \tag{3.37}$$

Die bekannten Eigenschaften der Exponentialfunktion mit reellen Exponenten werden durch diese Definition nicht eingeschränkt, aber wir werden wichtige neue Eigenschaften kennenlernen. Da für beliebige reelle x, y stets $e^x \neq 0$ und $\cos y + j \sin y \neq 0$ gelten, ist e^z in der gesamten z-Ebene nullstellenfrei. Man kann auch leicht zeigen, daß $w = f(z) = e^z$ in der gesamten z-Ebene holomorph ist.

Mit $u(x, y) = e^x \cos y$ und $v(x, y) = e^x \sin y$ folgt

$$u_x = e^x \cos y, \quad u_y = e^x (-\sin y), \quad v_x = e^x \sin y, \quad v_y = e^x \cos y.$$

Da die ersten partiellen Ableitungen stetige Funktionen der beiden reellen Veränderlichen x, y sind und die Cauchy-Riemannschen Differentialgleichungen erfüllt sind, folgt nach (3.17)

$$f'(z) = (e^z)' = e^x \cos y + j\, e^x \sin y = e^x (\cos y + j \sin y),$$

d. h.

$$(e^z)' = e^z \tag{3.38}$$

Analog zeigt man

$$(e^{az})' = a\, e^{az}. \tag{3.39}$$

Wie im Reellen gilt auch im Komplexen das sog. Additionstheorem der Exponentialfunktion

$$e^{z_1} e^{z_2} = e^{z_1 + z_2}, \tag{3.40}$$

denn für

$$e^{z_1} = e^{x_1}(\cos y_1 + j \sin y_1) \quad \text{und} \quad e^{z_2} = e^{x_2}(\cos y_2 + j \sin y_2)$$

folgt

$$e^{z_1} e^{z_2} = e^{x_1} e^{x_2}$$

$$\times\, [\cos y_1 \cos y_2 - \sin y_1 \sin y_2 + j\, (\sin y_1 \cos y_2 + \cos y_1 \sin y_2)],$$

$$e^{z_1} e^{z_2} = e^{x_1 + x_2}[\cos (y_1 + y_2) + j \sin (y_1 + y_2)].$$

Nach (3.37) kann für die rechte Seite dieser Gleichung $e^{z_1 + z_2}$ geschrieben werden, so daß (3.40) bewiesen ist.

Mit (3.37) und (3.40) weist man nach

$$e^{-z} = \frac{1}{e^z}, \tag{3.41}$$

$$\frac{e^{z_1}}{e^{z_2}} = e^{z_1 - z_2}, \tag{3.42}$$

$$(e^z)^n = e^{nz} \quad (n \text{ ganze Zahl}). \tag{3.43}$$

Setzt man in (3.37) der Reihe nach $\frac{\pi}{2}j$, πj, $\frac{3}{2}\pi j$ bzw. $2\pi j$ für z ein, dann erhalten wir

$$e^{j\frac{\pi}{2}} = j, \quad e^{j\pi} = -1, \quad e^{j\frac{3}{2}\pi} = -j \quad \text{und} \quad e^{j \cdot 2\pi} = 1. \tag{3.44}$$

Da $e^{j \cdot 2\pi} = 1$ ist, gilt für jedes z

$$e^z e^{2\pi j} = e^{z + j \cdot 2\pi} = e^z. \tag{3.45}$$

Die Exponentialfunktion $w = e^z$ ist also periodisch mit der Periode $2\pi j$. Für die Abbildung $w = f(z) = e^z = e^x e^{jy} = \varrho\, e^{j\vartheta}$ bedeutet das, daß der Periodenstreifen $-\pi < y \leq \pi$ umkehrbar eindeutig auf die w-Ebene abgebildet wird. Bei dieser Abbildung gehen parallele Geraden zur x-Achse ($y = y_0$) in Halbstrahlen $\vartheta = y_0$ über, und Geradenstücke parallel zur y-Achse $(x = x_0)$ mit $-\pi < y \leqq \pi$ werden in Kreise $\varrho = e^{x_0}$, $(-\pi < \vartheta \leqq \pi)$ abgebildet (vgl. Bild 3.21, 3.22).

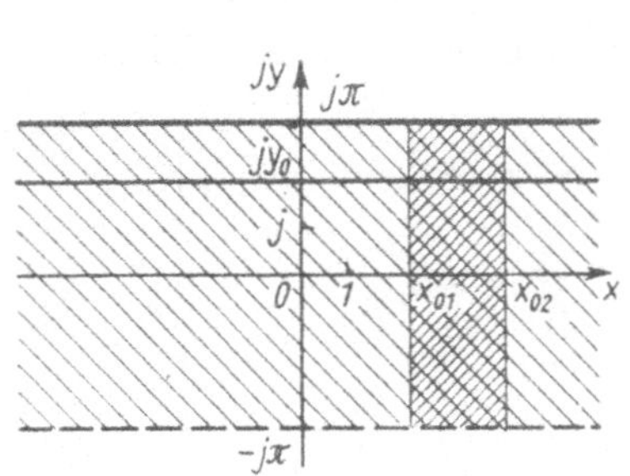

Bild 3.21. z-Ebene   Bild 3.22. w-Ebene

Analog ließen sich die Periodenstreifen $\pi < y \leqq 3\pi$, $3\pi < y \leqq 5\pi$, ... der z-Ebene eindeutig auf die längs der negativen reellen Achse aufgeschnittenen w-Ebene abbilden. Um eine eineindeutige Abbildung der gesamten z-Ebene auf die w-Ebene zu erhalten, müssen wir die w-Ebene als unendlichblättrige, längs der negativen reellen Achse verheftete Riemannsche Fläche darstellen. Auf jedes Blatt der w-Ebene wird ein Periodenstreifen der z-Ebene abgebildet.

Beispiel 3.9: Welche Kurven der z-Ebene werden in der w-Ebene als rechtwinkliges Koordinatennetz im 1. Quadranten abgebildet, wenn die Abbildungsfunktion $w = f(z) = e^z$ lautet?

Lösung: $f(z) = e^x (\cos y + j \sin y) = u + j\,v$. Werden die u- bzw. v-Achse nicht mit berücksichtigt, so gilt für das rechtwinklige Koordinatennetz im 1. Quadranten $u = k_1 > 0$ (const) und $v = k_2 > 0$ (const). Da $e^x > 0$ ist, folgt aus

$$e^x \cos y = k_1 > 0 \tag{3.46}$$

und

$$e^x \sin y = k_2 > 0 \tag{3.47}$$

$$\left.\begin{array}{l} \cos y > 0 \Rightarrow -\dfrac{\pi}{2} < y < \dfrac{\pi}{2} \\[2mm] \sin y > 0 \Rightarrow \quad\ 0 < y < \pi \end{array}\right\} 0 < y < \dfrac{\pi}{2}.$$

Der 1. Quadrant der w-Ebene wird somit in einen Streifen der z-Ebene abgebildet, der von der reellen Achse (x-Achse) und der Geraden $y = \dfrac{\pi}{2}$ begrenzt wird. Es genügt, für ein bestimmtes k_2 (bzw. k_1) einen Kurvenast zu berechnen. Durch Parallelverschiebung längs der reellen Achse kann dann die gesamte Kurvenschar daraus gewonnen werden. Bei Berücksichtigung von $\sin\left(y + \dfrac{\pi}{2}\right) = \cos y$ läßt sich auch die Kurvenschar für (3.46) (bzw. (3.47)) durch geeignetes Verschieben und Drehen gewinnen (vgl. Bild 3.23 und 3.24).

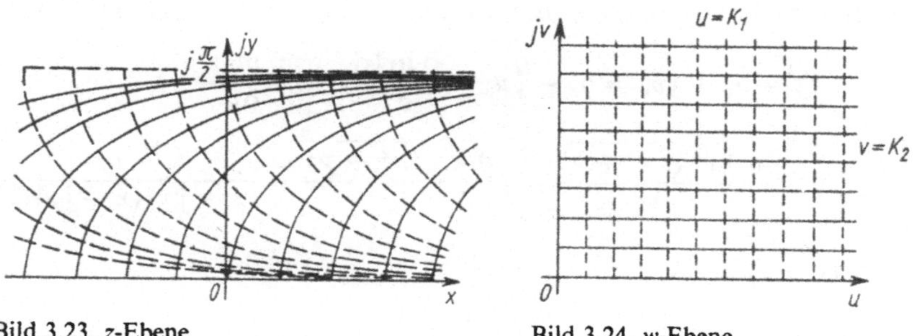

Bild 3.23. z-Ebene   Bild 3.24. w-Ebene

3.5.5. Die Logarithmusfunktion

In 3.5.4. hatten wir gesehen, daß mit $w = f(z) = e^z$ der Periodenstreifen $-\pi < y \leqq \pi$ umkehrbar eindeutig auf die w-Ebene abgebildet wird. Eine umkehrbar eindeutige Abbildung der gesamten z-Ebene konnte dadurch erreicht werden, daß die Abbildung auf die unendlichblättrige, längs der negativen reellen Achse der w-Ebene verheftete Riemannsche Fläche erfolgte. Jedem Streifen $\pi + k \cdot 2\pi < y \leqq 3\pi + k \cdot 2\pi$ ($k = 0, \pm 1, \pm 2, \ldots$) der z-Ebene würde also ein Blatt der Riemannschen Fläche zugeordnet. Bilden wir also umgekehrt die w-Ebene (Riemannsche Fläche) auf die z-Ebene ab, so ist genau zu unterscheiden, welches Blatt der w-Ebene abgebildet wird. In Umkehrung der eben angestellten Betrachtung definieren wir deshalb

$$w = \operatorname{Log} z = \ln r + \mathrm{j}\,\varphi = \ln |z| + \mathrm{j}\arg z = u + \mathrm{j}v, \quad z \neq 0, \tag{3.48}$$

als Hauptwert der **Logarithmusfunktion.** Damit wird die im Nullpunkt punktierte z-Ebene eineindeutig auf den Streifen $-\infty < u < \infty$, $-\pi < v \leqq \pi$ der w-Ebene abgebildet. Der im Bild 3.25 dargestellte längs der negativen reellen Achse aufgeschnittene Kreisring wird z. B. durch die Funktion $w = \operatorname{Log} z$ konform in ein

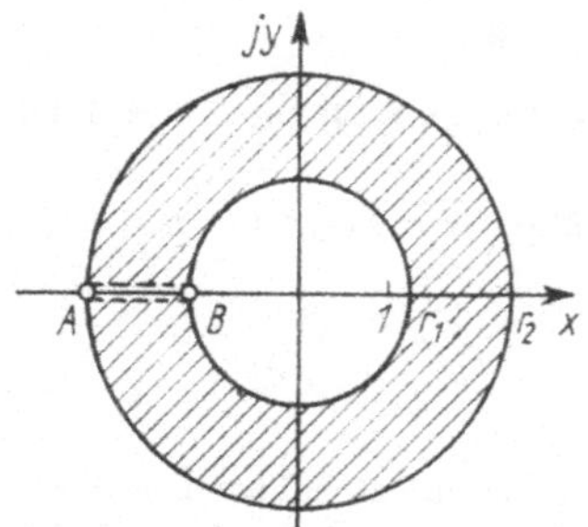

Bild 3.25. z-Ebene

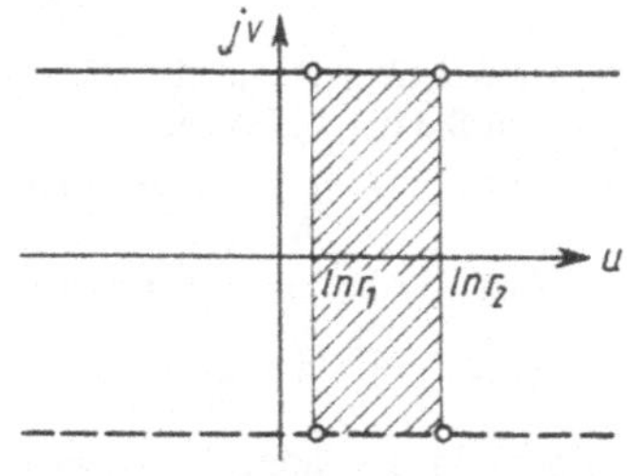

Bild 3.26. w-Ebene

Rechteck der w-Ebene abgebildet (Bild 3.26). Man kann leicht feststellen, daß (3.48) eine in der längs der negativen reellen Achse aufgeschnittenen z-Ebene holomorphe Funktion ist.

Für die Ableitung der Logarithmusfunktion folgt nach (3.17) und (3.16)

$$f'(z) = u_x + j\,v_x = u_x - j\,u_y = \frac{\partial \ln |z|}{\partial x} - j\,\frac{\partial \ln |z|}{\partial y}$$

$$= \frac{\partial \ln \sqrt{x^2 + y^2}}{\partial x} - j\,\frac{\partial \ln \sqrt{x^2 + y^2}}{\partial y} = \frac{x - j\,y}{(x + j\,y)(x - j\,y)} = \frac{1}{z}.$$

$$(\mathrm{Log}\, z)' = \frac{1}{z}. \tag{3.49}$$

Die im Reellen gültigen Rechengesetze für Logarithmen können **nicht** ins Komplexe übernommen werden. Es gilt

S.3.11   **Satz 3.11:** *Sind $z, z_1, z_2 \neq 0$ und komplex, dann gilt*

$$\mathrm{Log}\,(z_1 z_2) = \mathrm{Log}\, z_1 + \mathrm{Log}\, z_2 + 2k\,\pi\,\mathrm{j}, \tag{3.50}$$

$$\mathrm{Log}\,\frac{z_1}{z_2} = \mathrm{Log}\, z_1 - \mathrm{Log}\, z_2 + 2k\,\pi\,\mathrm{j}, \tag{3.51}$$

$$\mathrm{Log}\, z^n = n\,\mathrm{Log}\, z + 2k\,\pi\,\mathrm{j}, \tag{3.52}$$

$$\mathrm{Log}\, e^z = z + 2k\,\pi\,\mathrm{j}. \tag{3.53}$$

k ist dabei als ganze Zahl so zu wählen, daß der Imaginärteil der rechten Seiten von (3.50) bis (3.53) zwischen $-\pi$ (ausschließlich) und π (einschließlich) liegt.

Der Beweis der Formeln (3.50) bis (3.53) soll nur für (3.51) geführt werden:

$$\mathrm{Log}\,\frac{z_1}{z_2} = \ln\left|\frac{z_1}{z_2}\right| + \mathrm{j}\,\arg\left(\frac{z_1}{z_2}\right);$$

daraus folgt

$$\mathrm{Log}\,\frac{z_1}{z_2} = \ln |z_1| + \mathrm{j}\,\arg z_1 - (\ln |z_2| + \mathrm{j}\,\arg z_2) + 2k\,\pi\,\mathrm{j}$$

$$= \mathrm{Log}\, z_1 - \mathrm{Log}\, z_2 + 2k\,\pi\,\mathrm{j}. \quad\blacksquare$$

Beispiel 3.10: In welchem Gebiet ist die Funktion $w = \mathrm{Log}\,(z + a)$ mit $a = \alpha + \mathrm{j}\,\beta$ (α, β reell) holomorph? Geben Sie die Ableitung w' an.

Lösung: $w = \mathrm{Log}\,(z + a)$ kann als mittelbare Funktion $w = \mathrm{Log}\,\eta$ mit $\eta = a + z$ aufgefaßt werden:

$$w = \mathrm{Log}\,\eta = \ln |\eta| + \mathrm{j}\,\arg \eta \quad (\eta \neq 0)$$

$$= \ln |z + a| + \mathrm{j}\,\arg (z + a) \quad (z + a \neq 0).$$

Da für $w = \mathrm{Log}\,\eta$ in der längs der negativen reellen Achse aufgeschnittenen η-Ebene mit $\eta \neq 0$ Holomorphie besteht, folgt nach den bisherigen Betrachtungen, daß $\mathrm{Log}\,(z + a)$ für $z \neq -a$ in der längs der Halbgeraden $z = -a + t$ ($-\infty < t < 0$, reell) aufgeschnittenen z-Ebene holomorph ist (Bild 3.27).

Für alle Punkte des Gebietes $-\pi < \arg (z + a) \leqq \pi$ gilt mit $z \neq -a$

$$\frac{\mathrm{d}}{\mathrm{d}z}\,(\mathrm{Log}\,(z + a)) = \frac{1}{z + a}. \tag{3.54}$$

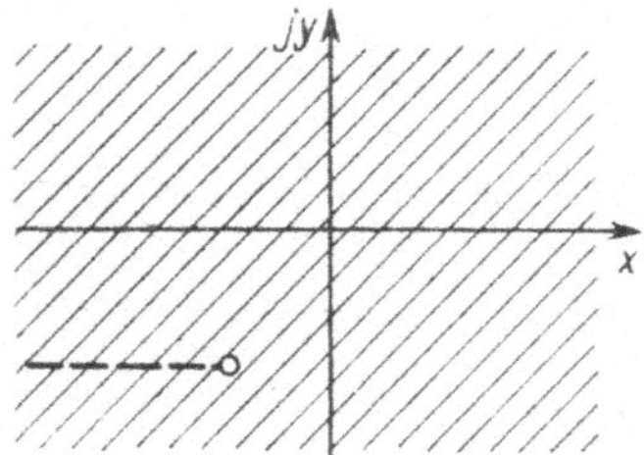

Bild 3.27. z-Ebene

3.5.6. Die trigonometrischen Funktionen

Durch Addition bzw. Subtraktion der beiden Gleichungen

$$e^{jx} = \cos x + j \sin x \quad \text{und} \quad e^{-jx} = \cos x - j \sin x$$

und anschließendes Auflösen nach $\cos x$ bzw. $\sin x$ erhält man

$$\cos x = \tfrac{1}{2}(e^{jx} + e^{-jx}), \tag{3.55}$$

$$\sin x = \frac{1}{2j}(e^{jx} - e^{-jx}). \tag{3.56}$$

Diese Gleichungen haben formal betrachtet Ähnlichkeit mit den Definitionsgleichungen der hyperbolischen Funktion (vgl. Bd. 1, 9.5.). Wir setzen die Funktionen $\sin x$ und $\cos x$ ins Komplexe fort (vgl. 5.3.) und erklären:

$$\cos z = \tfrac{1}{2}(e^{jz} + e^{-jz}), \tag{3.57}$$

$$\sin z = \frac{1}{2j}(e^{jz} - e^{-jz}). \tag{3.58}$$

Es wird sich zeigen, daß die eben getroffenen Festlegungen sich im folgenden als sehr zweckmäßig erweisen werden, da viele wesentliche Eigenschaften der trigonometrischen Funktionen der reellen Veränderlichen auf die trigonometrischen Funktionen der komplexen Veränderlichen übertragen werden. So gelten für die Funktionen $\cos z$ und $\sin z$ die gleichen goniometrischen Formeln, wie sie für die reellen Funktionen $\cos x$ und $\sin x$ bestehen.

Beispiel 3.11: Beweisen Sie die Richtigkeit der Formeln

a) $\qquad \cos^2 z + \sin^2 z = 1 \quad$ und

b) $\qquad \sin(z_1 + z_2) = \sin z_1 \cos z_2 + \cos z_1 \sin z_2,$

wenn z, z_1 und z_2 beliebige komplexe Zahlen sind.

Lösung: Bei Berücksichtigung von (3.57) und (3.58) folgt:

a) $\qquad \cos^2 z + \sin^2 z = \left(\dfrac{e^{jz} + e^{-jz}}{2}\right)^2 + \left(\dfrac{e^{jz} - e^{-jz}}{2j}\right)^2$

$$= \frac{1}{4}[e^{2jz} + 2 + e^{-2jz} - (e^{2jz} - 2 + e^{-2jz})] = 1. \quad \blacksquare$$

b) $\qquad \sin z_1 \cos z_2 + \cos z_1 \sin z_2 = \dfrac{e^{jz_1} - e^{-jz_1}}{2j} \dfrac{e^{jz_2} + e^{-jz_2}}{2} + \dfrac{e^{jz_1} + e^{-jz_1}}{2} \dfrac{e^{jz_2} - e^{-jz_2}}{2j}$

$$= \frac{1}{2 \cdot 2j} \left[e^{j(z_1 + z_2)} - e^{j(z_2 - z_1)} + e^{j(z_1 - z_2)} - e^{-j(z_1 + z_2)} \right.$$

$$\left. + e^{j(z_1 + z_2)} + e^{j(z_2 - z_1)} - e^{j(z_1 - z_2)} - e^{-j(z_1 + z_2)} \right]$$

$$= \frac{1}{2j} \left[e^{j(z_1 + z_2)} - e^{-j(z_1 + z_2)} \right]$$

$$= \sin(z_1 + z_2). \quad \blacksquare$$

Auf die Ableitung weiterer goniometrischer Formeln soll verzichtet werden (s. [4]).

Da die Funktionen e^{jz} und e^{-jz} für jede komplexe Zahl z differenzierbar sind, sind auch $\cos z$ und $\sin z$ in der ganzen z-Ebene differenzierbar, d. h. in der ganzen z-Ebene holomorphe Funktionen.

Aus (3.57) folgt durch Differenzieren

$$(\cos z)' = \left(\frac{e^{jz} + e^{-jz}}{2} \right)' = \frac{j}{2} \left(e^{jz} - e^{-jz} \right) = - \frac{e^{jz} - e^{-jz}}{2j} = - \sin z.$$

Analog kann die Ableitung von $\sin z$ gebildet werden.

$$(\cos z)' = - \sin z, \tag{3.59}$$

$$(\sin z)' = \cos z. \tag{3.60}$$

Als Nullstellen von $f(z) = \cos z$ erhalten wir

$$0 = \cos z = \tfrac{1}{2} \left(e^{jz} + e^{-jz} \right) \Rightarrow e^{jz} = -e^{-jz} \Rightarrow e^{2jz} = -1.$$

Nach (3.44) folgt $e^{2j(x + jy)} = e^{j\pi}$. Mit (3.45) gilt $e^{j\pi} = e^{j(\pi + 2\pi k)}$, und somit folgt $e^{2jx} e^{-2y} = e^{j(\pi + 2\pi k)}$. Diese Gleichung ist erfüllt für $y = 0$ und $x = (1 + 2k) \dfrac{\pi}{2}$ (k ganze Zahl). Die Nullstellen von $\cos z$ liegen also alle auf der reellen Achse:

$$z_k = (1 + 2k) \frac{\pi}{2}. \tag{3.61}$$

Ausgehend von $0 = \sin z = \dfrac{1}{2j} \left(e^{jz} - e^{-jz} \right)$ erhält man die Nullstellen von $\sin z$:

$$z_k = k\pi. \tag{3.62}$$

Die Nullstellen von $\sin z$ liegen also ebenfalls alle auf der reellen Achse und stimmen mit den Nullstellen der reellen Funktion $f(x) = \sin x$ überein.

Zu beachten ist, daß einige im Reellen gültigen Relationen, wie z. B. $|\sin x| \leq 1$, nicht ins Komplexe übertragen werden dürfen. Darauf sei eindringlich hingewiesen! Zum Beispiel gilt

$$\left| \cos \frac{1}{j} \right| = \left| \frac{1}{2} \left(e^{j\frac{1}{j}} + e^{-j\frac{1}{j}} \right) \right| = \frac{1}{2} \left(e + \frac{1}{e} \right) > 1.$$

Analog zum Reellen definieren wir auch die Funktionen $\tan z$ und $\cot z$ und deren Ableitungen.

Wird $x = 0$ in (3.57) bzw. (3.58) eingesetzt, dann ergibt sich

$$\cos j\, y = \tfrac{1}{2}\,(e^{jjy} + e^{-jjy}) = \tfrac{1}{2}\,(e^{-y} + e^{y}) = \cosh y,$$

also

$$\cos j\, y = \cosh y. \tag{3.63}$$

Analog findet man

$$\sin j\, y = j \sinh y. \tag{3.64}$$

Mit Hilfe der Additionstheoreme erhalten wir

$$\cos z = \cos (x + j\,y) = \cos x \cosh y - j \sin x \sinh y, \tag{3.65}$$

$$\sin z = \sin (x + j\,y) = \sin x \cosh y + j \cos x \sinh y. \tag{3.66}$$

Damit haben wir die Möglichkeit, die komplexen Funktionen $\sin z$ und $\cos z$ in der Form $u + j\,v$ darzustellen.

Beispiel 3.12: Berechnen Sie a) c und γ, wenn $\cos (1{,}1 + j \cdot 1{,}44) = c\, e^{j\gamma}$ bzw. b) x und y, wenn $\sin (x + j\,y) = 1{,}5\, e^{j \cdot 75°}$ gegeben sind.

Lösung: a) Nach (3.65) folgt

$$\cos (1{,}1 + j \cdot 1{,}44) = \cos 1{,}1 \cosh 1{,}44 - j \sin 1{,}1 \sinh 1{,}44$$
$$= 2\, e^{-j \cdot 60°}.$$

b) $\qquad \sin (x + j\,y) = s\, e^{j\sigma},$

$$\sin x \cdot \cosh y + j \cos x \sinh y = s\,(\cos \sigma + j \sin \sigma).$$

Der Vergleich der Real- bzw. Imaginärteile ergibt

$$\sin x \cosh y = s \cos \sigma \quad \text{bzw.} \quad \cos x \sinh y = s \sin \sigma. \tag{*}$$

Für die weiteren Betrachtungen führen wir folgende Substitutionen ein:

$$\sin^2 x = \tfrac{1}{2}\,(1 - \cos 2x), \qquad \cos^2 x = \tfrac{1}{2}\,(1 + \cos 2x),$$
$$\sinh^2 y = \tfrac{1}{2}\,(\cosh 2y - 1), \qquad \cosh^2 y = \tfrac{1}{2}\,(\cosh 2y + 1). \tag{**}$$

Aus der ersten Gleichung von (*) folgt:

$$\cosh y = \frac{s \cos \sigma}{\sin x} \Rightarrow \cosh^2 y = \frac{s^2 \cos^2 \sigma}{\sin^2 x}.$$

Mit (**) ergibt sich daraus

$$\frac{1}{2}(\cosh 2y + 1) = \frac{\tfrac{1}{2} s^2 (1 + \cos 2\sigma)}{\tfrac{1}{2}(1 - \cos 2x)} \Rightarrow \cosh 2y = \frac{2s^2 (1 + \cos 2\sigma) - 1 + \cos 2x}{1 - \cos 2x}.$$

Aus der zweiten Gleichung von (*) erhalten wir analog

$$\cosh 2y = \frac{2s^2 (1 - \cos 2\sigma) + 1 + \cos 2x}{1 + \cos 2x}.$$

Setzen wir die beiden Ausdrücke für $\cosh 2y$ gleich, so folgt

$$[2s^2 (1 + \cos 2\sigma) - 1 + \cos 2x]\,(1 + \cos 2x)$$
$$= [2s^2 (1 - \cos 2\sigma) + 1 + \cos 2x]\,(1 - \cos 2x)$$

und daraus

$$\cos^2 2x + 2s^2 \cos 2x + 2s^2 \cos 2\sigma - 1 = 0,$$

$$\cos 2x = -s^2 \pm \sqrt{s^4 - 2s^2 \cos 2\sigma + 1}.$$

Analog findet man

$$\cosh 2y = s^2 \pm \sqrt{s^4 - 2s^2 \cos 2\sigma + 1},$$

Durch Einsetzen der Werte $s = 1,5$ und $\sigma = 75°$ erhalten wir $x_1 = 0,22$, $x_2 = 2,92$, $y_1 = 1,18$ und $y_2 = -1,18$. Daß beide Wertepaare die Ausgangsgleichung erfüllen, kann leicht gezeigt werden, wenn man beachtet, daß $\sin x = \sin(\pi - x)$, $\cos(\pi - x) = -\cos x$, $\cosh(-y) = \cosh y$ und $\sinh(-y) = -\sinh y$ sind.

Unter Benutzung der im Beispiel 3.12 angegebenen Substitutionen (**) können auch Formeln zur Bestimmung von s und σ, wenn x und y gegeben sind, für $\sin(x + jy) = s\,e^{j\sigma}$ hergeleitet werden. Im folgenden sind die entsprechenden Formeln für die trigonometrischen Funktionen zusammengestellt:

1. $\cos(x + jy) = c\,e^{j\gamma}$:

$$c = \sqrt{\frac{\cos 2x + \cosh 2y}{2}}, \qquad \tan\gamma = \frac{-\sin x \sinh y}{\cos x \cosh y} = -\tan x \tanh y, \tag{3.67}$$

$$\cos 2x = c^2 \pm \sqrt{c^4 - 2c^2 \cos 2\gamma + 1}, \quad \cosh 2y = c^2 \pm \sqrt{c^4 - 2c^2 \cos 2\gamma + 1}.$$

2. $\sin(x + jy) = s\,e^{j\sigma}$:

$$s = \sqrt{\frac{-\cos 2x + \cosh 2y}{2}}, \qquad \tan\sigma = \frac{\cos x \sinh y}{\sin x \cosh y} = \frac{\tanh y}{\tan x},$$

$$\cos 2x = -s^2 \pm \sqrt{s^4 - 2s^2 \cos 2\sigma + 1},$$

$$\cosh 2y = s^2 \pm \sqrt{s^4 - 2s^2 \cos 2\sigma + 1}. \tag{3.68}$$

3. $\tan(x + jy) = t\,e^{j\tau}$:

$$t = \frac{-\cos 2x + \cosh 2y}{\cos 2x + \cosh 2y}, \qquad \tan\tau = \frac{\tanh y(1 + \tan^2 x)}{\tan x(1 - \tanh^2 y)} = \frac{\sinh 2y}{\sin 2x}, \tag{3.69}$$

$$\tan 2x = \frac{2t \cos\tau}{1 - t^2} = \frac{-\cos\tau}{\sinh(\ln t)}, \qquad \tanh 2y = \frac{2t \sin\tau}{1 + t^2} = \frac{\sin\tau}{\cosh(\ln t)}.$$

Da die tan-Funktion periodisch in π ist, kann die Anwendung der Formeln für $\tan\gamma$, $\tan\sigma$ und $\tan\tau$ leicht zu falschen Werten führen, wenn man z. B. bei den Formeln für $\tan\gamma$ bzw. $\tan\sigma$ nicht die entsprechenden Formeln (3.65) bzw. (3.66) beachtet. Es wurde deshalb in den Formeln für $\tan\gamma$ bzw. $\tan\sigma$ das Verhältnis Imaginärteil zu Realteil aus den Formeln (3.65) bzw. (3.66) mit angegeben. Damit ist die eindeutige Bestimmung der Winkel möglich, wenn die Vorzeichen von Real- und Imaginärteil mit berücksichtigt werden. Das Analoge gilt für die Anwendung der Formel für $\tan\tau$.

Betrachten wir die Funktion $w = \cos z$ in einem Streifen der Breite 2π, z. B. in $-\pi < x \leqq \pi$, so nimmt die Funktion jeden von ± 1 verschiedenen Wert an genau zwei verschiedenen Stellen an, da

$$w = \tfrac{1}{2}\,(\mathrm{e}^{\mathrm{j}z} + \mathrm{e}^{-\mathrm{j}z}) \Rightarrow \mathrm{e}^{\mathrm{j}z} = w + \sqrt{w^2 - 1}$$

gilt und da jede Quadratwurzel aus einer komplexen Zahl immer zwei Lösungen besitzt. $\cos z = +1$ folgt für $z = 0$ und $\cos z = -1$ für $z = \pi$. Da $\cos z_1 = \cos z_2$ genau dann gilt, wenn $z_2 = z_1 + 2k\pi$ (k ganz) ist, können die beiden Werte $+1$ und -1 an keiner anderen Stelle des Streifens angenommen werden. Ähnliche Betrachtungen kann man für die Funktion $w = \sin z$ anstellen. Wegen (3.59), (3.60), (3.61) und (3.62) ist die durch die Funktion $w = \cos z$ ($w = \sin z$) festgelegte

Abbildung überall — außer an den Stellen $z = k\pi$ $\left(z = (1 + 2k)\dfrac{\pi}{2}\right)$ — konform.

Man kann leicht zeigen, daß z. B. zur jy-Achse parallele Geraden der z-Ebene durch die Funktion $w = \cos z$ in konfokale Hyperbeln der w-Ebene übergehen.

3.5.7. Die hyperbolischen Funktionen

Die Definition der **hyperbolischen Funktionen** oder **Hyperbelfunktionen** der komplexen Veränderlichen erfolgt ebenfalls analog zum Reellen (vgl. Bd. 1, 9.5.):

$$\cosh z = \tfrac{1}{2}\,(\mathrm{e}^{z} + \mathrm{e}^{-z}), \tag{3.70}$$

$$\sinh z = \tfrac{1}{2}\,(\mathrm{e}^{z} - \mathrm{e}^{-z}), \tag{3.71}$$

$$\tanh z = \frac{\sinh z}{\cosh z} = \frac{\mathrm{e}^{z} - \mathrm{e}^{-z}}{\mathrm{e}^{z} + \mathrm{e}^{-z}}, \tag{3.72}$$

$$\coth z = \frac{\cosh z}{\sinh z} = \frac{\mathrm{e}^{z} + \mathrm{e}^{-z}}{\mathrm{e}^{z} - \mathrm{e}^{-z}} \quad (z \neq 0). \tag{3.73}$$

Aus (3.70) und (3.71) folgt

$$\cosh^2 z + \sinh^2 z = \frac{1}{4}\,(\mathrm{e}^{2z} + 2 + \mathrm{e}^{-2z} + \mathrm{e}^{2z} - 2 + \mathrm{e}^{-2z}) = \frac{1}{2}\,(\mathrm{e}^{2z} + \mathrm{e}^{-2z})$$

$$= \cosh 2z,$$

$$\cosh^2 z + \sinh^2 z = \cosh 2z. \tag{3.74}$$

Analog zum Reellen gelten die weiteren Beziehungen:

$$\cosh^2 z - \sinh^2 z = 1, \tag{3.75}$$

$$\cosh (z_1 \pm z_2) = \cosh z_1 \cosh z_2 \pm \sinh z_1 \sinh z_2, \tag{3.76}$$

$$\sinh (z_1 \pm z_2) = \sinh z_1 \cosh z_2 \pm \cosh z_1 \sinh z_2. \tag{3.77}$$

Die Beweise können analog (3.74) geführt werden.

Aus der Periodizität von e^z und e^{-z} folgt, daß auch $\cosh z$ und $\sinh z$ periodische Funktionen mit der komplexen Periode $2\pi\,j$ sind. Es gilt also für ganzzahliges k

$$\cosh z = \cosh (z + k \cdot 2\pi\,j), \tag{3.78}$$

$$\sinh z = \sinh (z + k \cdot 2\pi\,j). \tag{3.79}$$

Aus (3.70) ergibt sich für $z = j\,y$: $\cosh j\,y = \tfrac{1}{2}(e^{jy} + e^{-jy})$. Daraus folgt

$$\cosh j\,y = \tfrac{1}{2}(\cos y + j \sin y + \cos y - j \sin y),$$

$$\cosh j\,y = \cos y. \tag{3.80}$$

Analog erhält man

$$\sinh j\,y = j \sin y, \tag{3.81}$$

$$\tanh j\,y = j \tan y, \tag{3.82}$$

$$\coth j\,y = -j \cot y. \tag{3.83}$$

Damit ergeben sich aus (3.76) bzw. (3.77) die Additionstheoreme

$$\cosh (x \pm j\,y) = \cosh x \cos y \pm j \sinh x \sin y, \tag{3.84}$$

$$\sinh (x \pm j\,y) = \sinh x \cos y \pm j \cosh x \sin y. \tag{3.85}$$

Für die hyperbolische Tangensfunktion folgt

$$\tanh (x \pm j\,y) = \frac{\sinh 2x}{\cosh 2x + \cos 2y} \pm j\,\frac{\sin 2y}{\cosh 2x + \cos 2y}. \tag{3.86}$$

Der Aufwand beim Rechnen mit den Kreis- bzw. Hyperbelfunktionen komplexer Argumente ist relativ groß, da immer erst mit Additionstheoremen umgeformt werden muß. Stehen keine Hilfsmittel zur Verfügung, die das Berechnen derartiger Funktionen mit komplexen Argumenten gestatten, empfiehlt sich die Anwendung der Sinus- bzw. Tangensreliefs (vgl. [7]). In der Elektrotechnik, vor allem in der Übertragungstechnik, wird häufig mit hyperbolischen Funktionen und mit Kreisfunktionen mit komplexen Argumenten gerechnet, so daß insbesondere für Elektrotechniker ein sicheres Beherrschen geeigneter Methoden zur Berechnung derartiger Funktionen erforderlich ist.

Beispiel 3.13: In der Übertragungstechnik berechnet sich der Eingangswiderstand W einer Leitung nach der Gleichung

$$W = \frac{Z_a \cosh g + Z \sinh g}{\cosh g + \dfrac{Z_a}{Z} \sinh g}.$$

Berechnen Sie den Eingangswiderstand, wenn gegeben sind:

$$g = 0{,}97 + j \cdot 0{,}99 \text{ (Übertragungsmaß)}, \quad Z = (600 - j \cdot 910)\,\Omega \text{ (Wellenwiderstand)},$$
$$Z_a = 560\,e^{j \cdot 10°}\,\Omega \text{ (Abschlußwiderstand)}.$$

Lösung: Nach (3.84) bzw. (3.85) folgt

$$\cosh (0{,}97 + j \cdot 0{,}99) = \cosh 0{,}97 \cos 0{,}99 + j \sinh 0{,}97 \sin 0{,}99$$

$$= 0{,}8277 + j \cdot 0{,}9442 = 1{,}26\, e^{j \cdot 48{,}8°},$$

$$\sinh (0{,}97 + j \cdot 0{,}99) = 0{,}6197 + j \cdot 1{,}2612 = 1{,}41\, e^{j \cdot 63{,}8°}.$$

Mit $Z = (600 - j \cdot 910)\,\Omega = 1090\, e^{j(-56{,}6°)})\,\Omega$ ergibt sich dann

$$W = \frac{706\, e^{j \cdot 58{,}8°} + 1537\, e^{j \cdot 7{,}2°}}{0{,}8277 + j \cdot 0{,}9442 + 0{,}514 \cdot 66{,}6°}\,\Omega = 1170\, e^{j(-31°)}\Omega.$$

Da e^z und e^{-z} in der ganzen z-Ebene holomorph sind, gilt dies nach (3.70) und (3.71) auch für die Funktionen $\cosh z$ und $\sinh z$. Für die Ableitungen dieser Funktionen können wiederum die analogen Regeln aus dem Reellen übernommen werden.

Analog Beispiel 3.12 können auch für die hyperbolischen Funktionen entsprechende Formeln hergeleitet werden (vgl. [7]).

Aufgabe 3.6: Geben Sie die Partialbruchzerlegung der Funktion   *

$$f(z) = \frac{(2j - 1)\, z^3 - (4 + 7j)\, z^2 + 12z + 4j - 4}{(z^2 - 2z)(z^2 - 2(1 - j)\, z - 2j)}$$

an!

Aufgabe 3.7: Beweisen Sie folgende Beziehungen: *

a) $e^{\bar{z}} = \overline{e^z}$,   b) $\sin (z + 2\pi) = \sin z$,   c) $\tan (z + 2\pi) = \tan z \ (z \neq \dfrac{1 + 2k}{2}\,\pi, \ k$ ganz$)$,

d) $\mathrm{Log}\,(-j) = -\dfrac{\pi}{2}\,j$,   e) $\cosh (x + j\,y) = \sin \left(\dfrac{\pi}{2} + y - j\,x\right)$.

Aufgabe 3.8: Berechnen Sie   a) $\cos \left(j\dfrac{\pi}{2}\right)$,   b) $\sin (1 - j)$,   c) $\cosh [\pi(1 + j)]$.   *

Aufgabe 3.9: Bestimmen Sie x und y aus $\tan (x + jy) = 2\, e^{j(-80°)}$.   *

Aufgabe 3.10: Bilden Sie die Ableitungen von folgenden Funktionen   *

a) $w = \dfrac{1}{1 - \cos z}$,   b) $w = \dfrac{\sinh z}{1 - \cosh 2z}$,   c) $w = \dfrac{1}{e^{2z} - 1}$.

4. Integration im Komplexen

4.1. Bestimmtes Integral

Für die unbestimmte Integration im Komplexen lassen sich die Methoden aus dem Reellen formal übertragen. Da bei der bestimmten Integration im Komplexen die Integrationsgrenzen Punkte der komplexen Ebene sind und der die Grenzen verbindende Weg berücksichtigt werden muß, sind hier noch Analogiebetrachtungen zu Linienintegralen im Reellen möglich.

Es sei $w = f(z)$ eine in einem Gebiet G definierte stetige Funktion und $\mathfrak{C}$ ein Weg von $z_0 = a$ nach $z_n = b$, der ganz in G liegt (Bild 4.1). Für $\mathfrak{C}$ gilt die Parameterdarstellung

$$z(t) = x(t) + \mathrm{j}\, y(t) \quad \text{mit} \quad \alpha = t_0 \leqq t \leqq t_n = \beta.$$

Wir teilen das Intervall $[\alpha, \beta]$ in n Teile, so daß $\alpha = t_0 < t_1 < \ldots < t_n = \beta$ gilt und der Weg $\mathfrak{C}$ in n Teilstücke $\mathfrak{C}_i$ ($i = 1, 2, \ldots, n$) zerlegt wird. Den maximalen Abstand

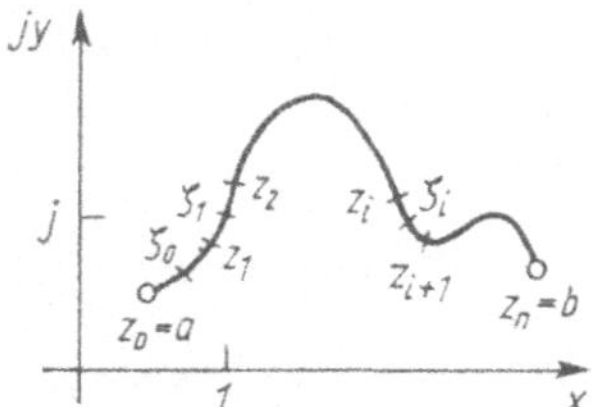

Bild 4.1. z-Ebene

zweier benachbarter Teilpunkte z_{i-1}, z_i bezeichnen wir mit

$$d_n = \max\left(|z_1 - z_0|, |z_2 - z_1|, \ldots, |z_n - z_{n-1}|\right)$$

und nennen d_n das Feinheitsmaß der Einteilung E_n. Auf jedem $\mathfrak{C}_i$ wählen wir einen beliebigen Zwischenpunkt ζ_i, zu dem der Parameterwert τ_i mit $t_{i-1} \leqq \tau_i \leqq t_i$ gehört. Man kann sich für jede natürliche Zahl n eine Einteilung E_n vorgenommen denken. Für die zugehörige Zahlenfolge d_n der Feinheitsmaße soll gelten

$$\lim_{n \to \infty} d_n = \lim_{n \to \infty} \max(|z_1 - z_0|, |z_2 - z_1|, \ldots, |z_n - z_{n-1}|) = 0.$$

Bildet man zu jeder Einteilung E_n die Summe

$$I_n = \sum_{i=1}^{n} (z_i - z_{i-1}) f(\zeta_i), \tag{4.1}$$

dann kann gezeigt werden, daß I_n für $n \to \infty$ unter den obengenannten Voraussetzungen gegen den gleichen Grenzwert I strebt, wie auch die Teilungspunkte z_i und die

Zwischenpunkte ζ_i auf $\mathfrak{C}$ gewählt werden. Diesen Grenzwert nennt man **bestimmtes Integral** von $f(z)$ längs des **Integrationsweges** $\mathfrak{C}$ und schreibt

$$I = \lim_{n \to \infty} I_n = \lim_{n \to \infty} \sum_{i=1}^{n} (z_i - z_{i-1}) f(\zeta_i) = \int_{\mathfrak{C}} f(z)\,\mathrm{d}z. \tag{4.2}$$

Ist $\mathfrak{C}$ in der Parameterdarstellung $z = z(t)$, $t \in [\alpha, \beta]$ gegeben, so gilt für $f(z)$ auf $\mathfrak{C}$ $f(z) = f(z(t)) = u(t) + \mathrm{j}v(t)$. Für das bestimmte Integral folgt dann

$$\int_{\mathfrak{C}} f(z)\,\mathrm{d}z = \int_{\alpha}^{\beta} f(z(t))\,\dot{z}(t)\,\mathrm{d}t = \int_{\alpha}^{\beta} [u(t) + \mathrm{j}\,v(t)]\,[\dot{x}(t) + \mathrm{j}\,\dot{y}(t)]\,\mathrm{d}t. \tag{4.3}$$

Ist $\mathfrak{C}$ ein geschlossener doppelpunktfreier Weg, so schreibt man

$$\oint_{\mathfrak{C}} f(z)\,\mathrm{d}z \quad \text{bzw.} \quad \oint_{\mathfrak{C}} f(z)\,\mathrm{d}z.$$

Der eingezeichnete Pfeil gibt an, in welcher Richtung der Weg $\mathfrak{C}$ durchlaufen wird. Wird der Weg $\mathfrak{C}$ in mathematisch positivem Sinn durchlaufen, so schreibt man auch einfach $\oint_{\mathfrak{C}} f(z)\,\mathrm{d}z$.

Beispiel 4.1: Berechnen Sie $\oint_{\mathfrak{C}} f(z)\,\mathrm{d}z$ für $f(z) = \dfrac{1}{z}$ und $\mathfrak{C}$: Kreis um Nullpunkt mit Radius $\varrho > 0$.

Lösung:

$$\mathfrak{C}: z(t) = \varrho\,\mathrm{e}^{\mathrm{j}t}, \quad 0 \leqq t \leqq 2\pi.$$

$$\dot{z}(t) = \mathrm{j}\,\varrho\,\mathrm{e}^{\mathrm{j}t}.$$

Nach (4.3) ergibt sich

$$\oint_{\mathfrak{C}} \frac{1}{z}\,\mathrm{d}z = \int_{0}^{2\pi} \frac{\mathrm{j}\varrho\,\mathrm{e}^{\mathrm{j}t}}{\varrho\,\mathrm{e}^{\mathrm{j}t}}\,\mathrm{d}t = \mathrm{j} \int_{0}^{2\pi} \mathrm{d}t = 2\pi\mathrm{j}.$$

Die nachstehend aufgeführten vier Sätze können mit vorausgesetzter Stetigkeit von $f(z)$ längs des Weges $\mathfrak{C}$ aus der Definition des bestimmten Integrals hergeleitet werden.

Satz 4.1: *Ersetzt man den von a nach b verlaufenden Weg $\mathfrak{C}$ durch den entsprechenden* **S.4.1** *von b nach a führenden Weg $-\mathfrak{C}$ ($\mathfrak{C}$ wird in umgekehrter Richtung durchlaufen), so ändert sich das Vorzeichen des Integrals:*

$$\int_{\mathfrak{C}} f(z)\,\mathrm{d}z = - \int_{-\mathfrak{C}} f(z)\,\mathrm{d}z. \tag{4.4}$$

S.4.2 Satz 4.2: *Wird der von a nach b führende Weg $\mathfrak{C}$ durch den Punkt c in die beiden Wege $\mathfrak{C}_1$ und $\mathfrak{C}_2$ geteilt, so gilt ($\mathfrak{C} = \mathfrak{C}_1 + \mathfrak{C}_2$)*

$$\int_{\mathfrak{C}} f(z)\,\mathrm{d}z = \int_{\mathfrak{C}_1} f(z)\,\mathrm{d}z + \int_{\mathfrak{C}_2} f(z)\,\mathrm{d}z \tag{4.5}$$

(vgl. Bild 4.2).

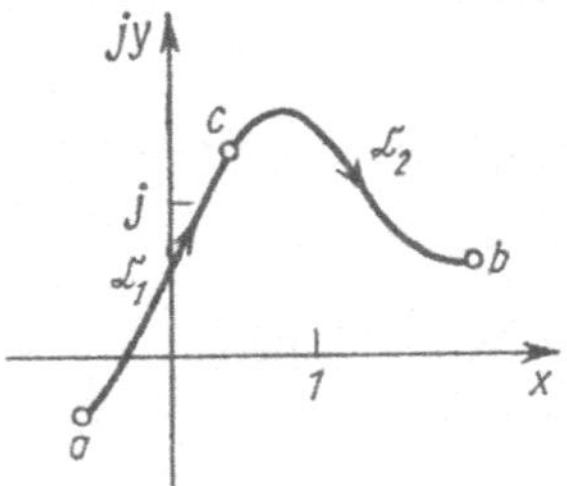

Bild 4.2. z-Ebene

S.4.3 Satz 4.3: *Ist c eine beliebige komplexe Konstante, so gilt*

$$\int_{\mathfrak{C}} cf(z)\,\mathrm{d}z = c \int_{\mathfrak{C}} f(z)\,\mathrm{d}z. \tag{4.6}$$

S.4.4 Satz 4.4:

$$\int_{\mathfrak{C}} [f_1(z) + f_2(z)]\,\mathrm{d}z = \int_{\mathfrak{C}} f_1(z)\,\mathrm{d}z + \int_{\mathfrak{C}} f_2(z)\,\mathrm{d}z. \tag{4.7}$$

Für die Abschätzung von Integralen kann folgender wichtige Satz ausgesprochen werden:

S.4.5 Satz 4.5: *Ist $|f(z)| \leqq M$ für alle Punkte z von $\mathfrak{C}$ und l die Länge des Weges $\mathfrak{C}$, dann gilt die Abschätzung*

$$\left| \int_{\mathfrak{C}} f(z)\,\mathrm{d}z \right| \leqq \int_{\mathfrak{C}} |f(z)|\,|\mathrm{d}z| \leqq Ml. \tag{4.8}$$

Beispiel 4.2: Geben Sie für das Integral $\displaystyle\int_{\mathfrak{C}} \frac{\mathrm{d}z}{z^n - z_0}$ längs des im Bild 4.3 angegebenen Weges für

$|z^n| > |z_0|$ eine Abschätzung an ($z_0 = \varrho_0\, e^{j\varphi_0}$ komplexe Konstante)!

Lösung: Weg $\mathfrak{C}$:

$$z(t) = \varrho\, e^{jt}, \quad -\frac{\pi}{2} \leqq t \leqq \frac{\pi}{2}.$$

Mit (2.8) gilt $|z^n - z_0| \geqq ||z^n| - |z_0||$, und damit ist

$$|f(z)| = \left|\frac{1}{z^n - z_0}\right| \leqq \frac{1}{||z^n| - |z_0||} = \frac{1}{\varrho^n - \varrho_0}.$$

Die Länge l des Weges $\mathfrak{C}$ beträgt $l = \varrho\,\pi$, so daß sich nach (4.8)

$$\left|\int\limits_{\mathfrak{C}} \frac{dz}{z^n - z_0}\right| \leqq \frac{\varrho\,\pi}{\varrho^n - \varrho_0}$$

ergibt.

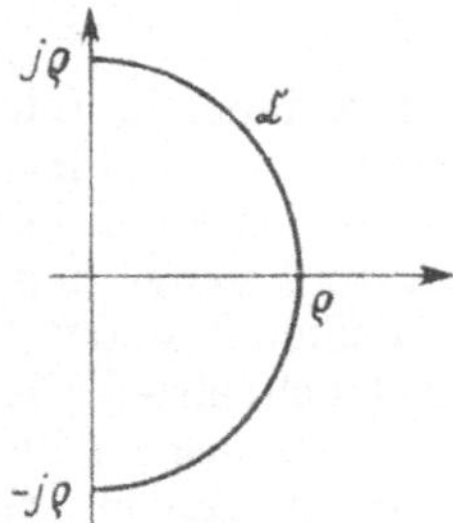

Bild 4.3. z-Ebene

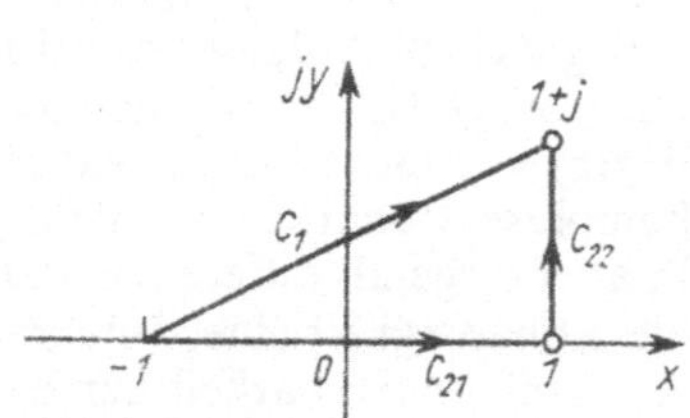

Bild 4.4. z-Ebene

In der Einleitung zum vorliegenden Abschnitt hatten wir darauf hingewiesen, daß im allgemeinen die Integration nicht nur von den Grenzen, sondern auch noch von dem die Grenzen verbindenden Weg abhängt. Wir wollen dies an einem Beispiel demonstrieren.

Beispiel 4.3: Berechnen Sie $\int\limits_{\mathfrak{C}} \bar{z}\, dz$, wenn $\mathfrak{C}$

a) die geradlinige Verbindungsstrecke von -1 nach $1 + j$,
b) der Streckenzug von -1 über $+1$ nach $1 + j$ ist (Bild 4.4).

Lösung: a) Nach (2.25) folgt für

$$\mathfrak{C}_1: z(t) = -1 + t(1 + j + 1) = -1 + 2t + j\,t,$$

$$f(z(t)) = \bar{z} = -1 + 2t - j\,t = -1 + t(2 - j), \qquad \dot{z}(t) = 2 + j, \qquad 0 \leqq t \leqq 1.$$

$$I_1 = \int\limits_0^1 [-1 + t(2 - j)]\,(2 + j)\,dt = \frac{1}{2}(1 - 2j).$$

b)

$$\mathfrak{C}_{21}: z(t) = -1 + 2t, \qquad f(z(t)) = -1 + 2t, \qquad \dot{z}(t) = 2, \qquad 0 \leqq t \leqq 1.$$

$$I_{21} = \int\limits_0^1 (-1 + 2t)\,2\,dt = 0.$$

$$\mathfrak{C}_{22}: z(t) = 1 + j\,t, \qquad f(z(t)) = 1 - j\,t, \qquad \dot{z}(t) = j, \qquad 0 \leqq t \leqq 1$$

$$I_{22} = \int\limits_0^1 (1 - j\,t)\,j\,dt = \tfrac{1}{2}(1 + 2j). \qquad I_2 = I_{21} + I_{22} = \tfrac{1}{2}(1 + 2j).$$

Obwohl die Integrationsgrenzen und die Integranden in a) und b) übereinstimmen, ergeben sich für die beiden Integrale verschiedene Ergebnisse.

* *Aufgabe 4.1:* Längs des Weges $\mathfrak{C}$ ist das Integral $\int_{\mathfrak{C}} e^z \, dz$ zu berechnen: a) $\mathfrak{C} = \mathfrak{C}_1$, b) $\mathfrak{C} = \mathfrak{C}_{21} + \mathfrak{C}_{22}$ (Bild 4.4).

* *Aufgabe 4.2:* Berechnen Sie das Grundintegral der Funktionentheorie $\oint (z - z_0)^n \, dz$ (n ganzzahlig) längs eines Kreises mit Radius ϱ und Mittelpunkt z_0 (komplexe Konstante)!

* *Aufgabe 4.3:* Geben Sie eine Abschätzung für $\left| \int_{\mathfrak{C}} z^n \, dz \right|$ $(n \in \mathsf{N})$, wenn $\mathfrak{C}$ der Kreis um $z_0 = 0$ mit Radius ϱ ist!

4.2. Cauchyscher Integralsatz und Folgerungen

In Aufgabe 4.1 konnte festgestellt werden, daß das betrachtete Integral mit $f(z) = e^z$ bei gleichem Anfangs- und Endpunkt des Integrationsweges für die beiden verschiedenen Wege $\mathfrak{C}_1$ und $\mathfrak{C}_2$ das gleiche Ergebnis lieferte, während dies im Beispiel 4.3 für $f(z) = \bar{z}$ nicht zutraf. Während $f(z) = e^z$ eine überall stetige und differenzierbare komplexe Funktion ist, stellt $f(z) = \bar{z}$ eine zwar überall stetige (vgl. Beispiel 3.5c)), aber nirgends differenzierbare Funktion dar. Es taucht also die Vermutung auf, daß die Abhängigkeit eines Integralwertes vom Integrationsweg im Zusammenhang mit der Differenzierbarkeit der Funktion $f(z)$ steht. Nach Cauchy gilt folgender fundamentaler Satz für die Theorie und die Anwendungen der Funktionen komplexer Veränderlicher:

S.4.6 **Satz 4.6 (Cauchyscher Integralsatz):** *Ist die Funktion $f(z)$ in einem einfach zusammenhängenden Gebiet G der z-Ebene holomorph, so hat das Integral*

$$I = \int_{\mathfrak{C}} f(z)\,dz = \int_a^b f(z)\,dz \tag{4.9}$$

für jeden ganz in G von a bis b (komplexe Konstanten) verlaufenden Weg $\mathfrak{C}$ denselben Wert.

Aus diesem Satz folgt unmittelbar eine zweite Form. Wählen wir in G zwei verschiedene Wege von a nach b, etwa $\mathfrak{C}_1$ und $\mathfrak{C}_2$, so gilt für holomorphe Funktionen $f(z)$ $\int_{\mathfrak{C}_1} f(z)\,dz = \int_{\mathfrak{C}_2} f(z)\,dz$ und daraus $\int_{\mathfrak{C}_1} f(z)\,dz + \int_{-\mathfrak{C}_2} f(z)\,dz = 0$. Es gilt somit, da $\mathfrak{C}_1 - \mathfrak{C}_2$ eine geschlossene Kurve darstellt (Bild 4.5), der folgende Satz:

S.4.7 **Satz 4.7 (Cauchyscher Integralsatz):** *Ist $f(z)$ in einem einfach zusammenhängenden Gebiet G holomorph, so hat das Integral über $f(z)$ längs jeder geschlossenen, ganz in G verlaufenden Kurve $\mathfrak{C}$ den Wert null:*

$$\oint_{\mathfrak{C}} f(z)\,dz = 0. \tag{4.10}$$

Beweis: Aus (4.3) folgt

$$\int_{\mathfrak{C}} f(z)\,dz = \int_\alpha^\beta (u\dot{x} - v\dot{y})\,dt + \mathrm{j} \int_\alpha^\beta (u\dot{y} + v\dot{x})\,dt,$$

$$\int_{\mathfrak{C}} f(z)\,dz = \int_{\mathfrak{C}} (u\,dx - v\,dy) + \mathrm{j} \int_{\mathfrak{C}} (u\,dy + v\,dx). \tag{4.11}$$

Aus der Theorie der Kurvenintegrale (man vgl. z. B. Band 5) ist bekannt, daß der Wert des über eine geschlossene Kurve $\mathfrak{C}$ in einem einfach zusammenhängenden Gebiet G erstreckten Integrals

$$\oint_{\mathfrak{L}} (P(x, y)\,\mathrm{d}x + Q(x, y)\,\mathrm{d}y)$$

gleich null ist, falls die Integrabilitätsbedingung $P_y = Q_x$ erfüllt ist.

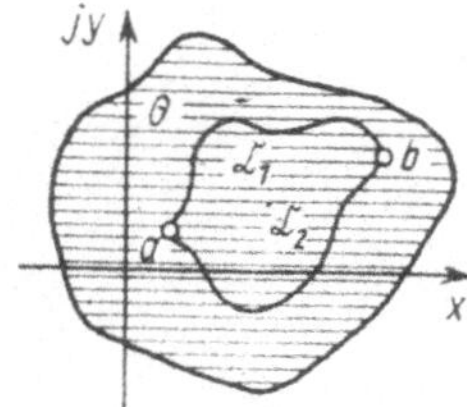

Bild 4.5. Geschlossene Kurve in der z-Ebene

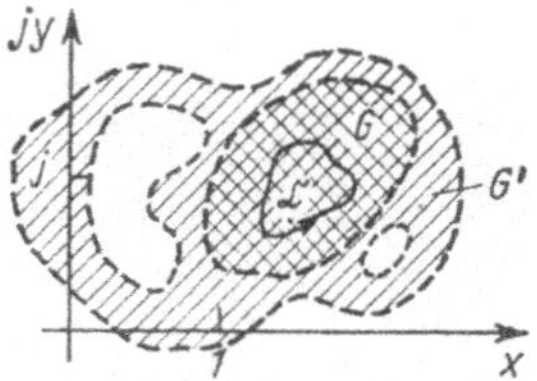

Bild 4.6. Mehrfach zusammenhängendes Gebiet in der z-Ebene

Wendet man dieses Ergebnis auf die beiden reellen Linienintegrale auf der rechten Seite von (4.11) an, dann folgen daraus die Gleichungen

$$u_x = v_y, \qquad u_y = -v_x,$$

die als Cauchy-Riemannsche Gleichungen für holomorphe Funktionen $f(z) = u(x, y) + jv(x, y)$ erfüllt sind. ∎

Ein Beweis mit weiteren funktionentheoretischen Betrachtungen wird z. B. in [13], Teil II, geführt.

Wegen seiner Bedeutung nennt man den Cauchyschen Integralsatz auch **Hauptsatz der Funktionentheorie.** Die Beschränkung des Cauchyschen Integralsatzes auf einfach zusammenhängende Gebiete ist wesentlich, denn wir hatten schon im Beispiel 4.1 gesehen, daß das Integral $\oint_{\mathfrak{C}} \dfrac{1}{z}\,\mathrm{d}z \neq 0$ ist, wenn der Weg $\mathfrak{C}$ z. B. der Kreis um den Nullpunkt mit Radius ϱ ist. $f(z) = \dfrac{1}{z}$ ist in diesem Fall in der ganzen z-Ebene mit Ausnahme des Punktes $z = 0$ holomorph. Das Gebiet G ist also die im Punkt $z = 0$ gelochte z-Ebene, ein zweifach zusammenhängendes Gebiet. Läßt sich in einem mehrfach zusammenhängenden Gebiet G' (Bild 4.6) ein einfach zusammenhängendes Gebiet G derart angeben, daß die Integrationswege vollständig in G verlaufen, dann kann in diesem Gebiet natürlich ebenfalls der Cauchysche Integralsatz angewandt werden. Ohne Beweis sei angegeben, daß der Satz auch gilt, wenn $\mathfrak{C}$ ganz oder teilweise auf dem Rand von G liegt. Dazu wird vorausgesetzt, daß $f(z)$ in dem einfach zusammenhängenden und abgeschlossenen Gebiet G holomorph ist.

Aus dem Cauchyschen Integralsatz können eine Reihe Folgerungen gezogen werden, die vor allem auch für die praktische Anwendung dieses Satzes von Bedeutung sind:

Satz 4.8: $\mathfrak{C}_1$ *und* $\mathfrak{C}_2$ *seien zwei geschlossene doppelpunktfreie Wege in einem beliebigen (auch mehrfach zusammenhängenden) Gebiet G der z-Ebene, wobei* $\mathfrak{C}_2$ *ganz im Innengebiet von* $\mathfrak{C}_1$ *liegt und beide im gleichen Sinn orientiert sind. Dann gilt für eine in G* **S.4.8**

holomorphe Funktion f(z)

$$\oint_{\mathfrak{C}} f(z)\,dz = \oint_{\mathfrak{C}_2} f(z)\,dz, \tag{4.12}$$

falls das durch $\mathfrak{C}_1$ und $\mathfrak{C}_2$ gebildete Ringgebiet ganz zu G gehört, unabhängig davon, ob das im Innern von $\mathfrak{C}_2$ liegende Gebiet ganz zu G gehört oder nicht (Bild 4.7).

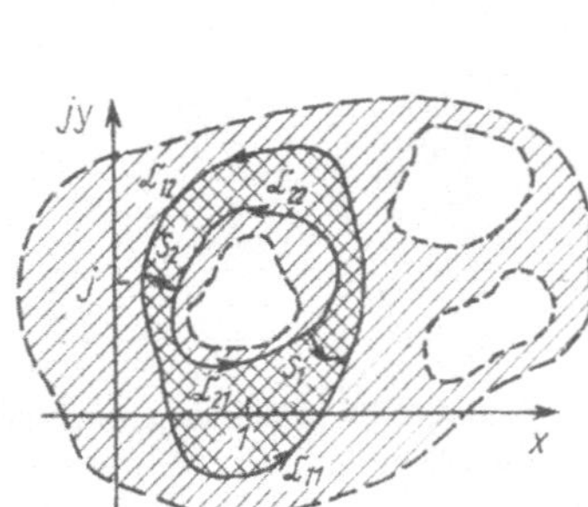

Bild 4.7. z-Ebene

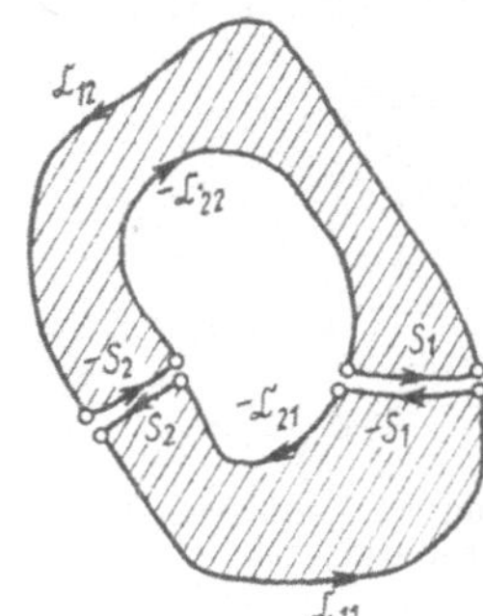

Bild 4.8. z-Ebene

Beweis: Falls das Innengebiet von $\mathfrak{C}_1 = \mathfrak{C}_{11} + \mathfrak{C}_{12}$ ganz zu G gehört, gilt der Cauchysche Integralsatz:

$$\oint_{\mathfrak{C}} f(z)\,dz = \oint_{\mathfrak{C}_2} f(z)\,dz = 0.$$

Gehört das Innengebiet von $\mathfrak{C}_2 = \mathfrak{C}_{21} + \mathfrak{C}_{22}$ nicht zu G, so verbinden wir $\mathfrak{C}_1$ und $\mathfrak{C}_2$ durch zwei Wege S_1 und S_2 (Bild 4.8), so daß das zweifach zusammenhängende Ringgebiet in zwei einfach zusammenhängende Teilgebiete zerlegt wird, in denen jeweils $f(z)$ holomorph ist. Nach Bild 4.8 folgt mit

$$\mathfrak{C}_\alpha = S_1 + \mathfrak{C}_{12} - S_2 - \mathfrak{C}_{22} \quad \text{und} \quad \mathfrak{C}_\beta = S_2 + \mathfrak{C}_{11} - S_1 - \mathfrak{C}_{21},$$

$$\oint_{\mathfrak{C}_\alpha} f(z)\,dz + \oint_{\mathfrak{C}_\beta} f(z)\,dz = \oint_{\mathfrak{C}_1} f(z)\,dz + \oint_{-\mathfrak{C}_2} f(z)\,dz = 0, \tag{4.13}$$

da sich die beiden Integrale längs der Wege S_1 und S_2 aufheben und $f(z)$ in den einfach zusammenhängenden, von $\mathfrak{C}_\alpha$ und $\mathfrak{C}_\beta$ umrandeten Gebieten holomorph ist. Aus (4.13) ergibt sich damit

$$\oint_{\mathfrak{C}_1} f(z)\,dz = \oint_{\mathfrak{C}_2} f(z)\,dz. \quad \blacksquare$$

Der Wert des Integrals in (4.12) ist von der Form des Weges, der den Innenbereich umfaßt, unabhängig. So kann z. B. das Ergebnis von Aufgabe 4.2 dahingehend erweitert werden, daß

$$\oint_{\mathfrak{C}} (z - z_0)^n\,dz = \begin{cases} 0 & \text{für} \quad n \neq -1 \\ 2\pi\,j & \text{für} \quad n = -1 \end{cases} \quad (n \text{ ganz}) \tag{4.14}$$

für alle geschlossenen doppelpunktfreien Wege gilt, die den Punkt $z = z_0$ umschließen (mathematisch positiv).

Satz 4.8 kann verallgemeinert werden. Es gilt der

Satz 4.9: *Sind $\mathfrak{C}$ und $\mathfrak{C}_i$ $(i = 1, 2, \ldots, n)$ geschlossene doppelpunktfreie und gleich-* **S.4.9**
sinnig orientierte Wege in einem abgeschlossenen Gebiet G, wobei die $\mathfrak{C}_i$ ganz im Innengebiet von $\mathfrak{C}$ liegen und sich gegenseitig nicht kreuzen, dann gilt für eine in G holomorphe Funktion $f(z)$

$$\oint_{\mathfrak{C}} f(z)\, dz = \sum_{i=1}^{n} \oint_{\mathfrak{C}_i} f(z)\, dz. \qquad (4.15)$$

Der Beweis dieses Satzes kann analog wie der Beweis von Satz 4.8 geführt werden. Satz 4.9 sagt aus, daß in einem mehrfach zusammenhängenden Gebiet der Wert des auf einem geschlossenen Weg gebildeten Integrals nur davon abhängt, welche nicht zu G gehörende Bereiche umschlossen werden (Bild 4.9).

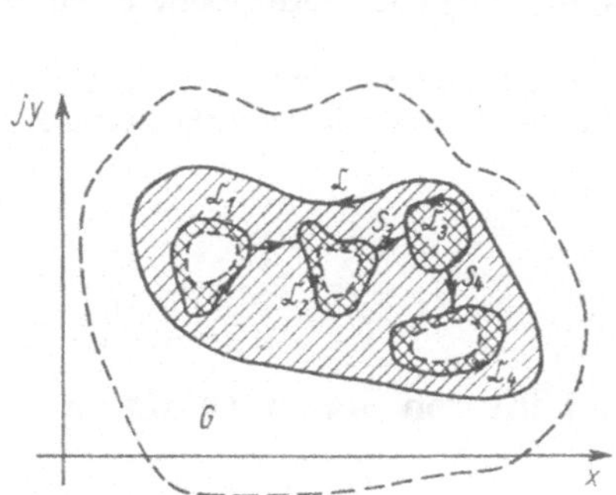
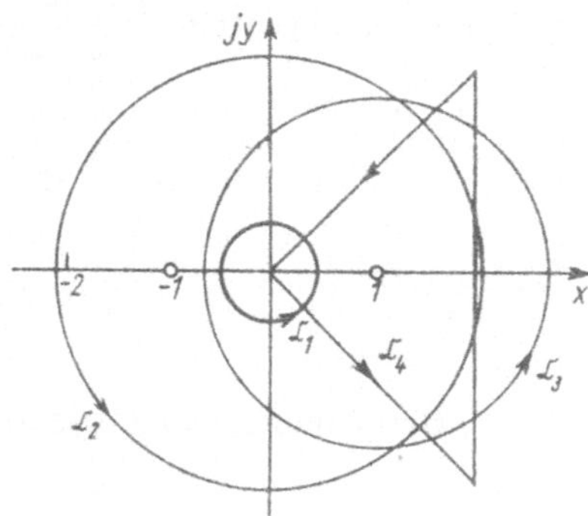

Bild 4.9. z-Ebene Bild 4.10. z-Ebene

Beispiel 4.4: Berechnen Sie $\displaystyle\oint_{\mathfrak{C}} \frac{z\, dz}{1 - z^2}$ für a) $\mathfrak{C} = \mathfrak{C}_1$: Kreis um $z = 0$ mit Radius $0 < \varrho < 1$.

b) $\mathfrak{C} = \mathfrak{C}_2$: Kreis um $z = 0$ mit Radius $\varrho > 1$, c) $\mathfrak{C} = \mathfrak{C}_3$: Kreis um $z = 1$ mit Radius $0 < \varrho < 2$, d) $\mathfrak{C} = \mathfrak{C}_4$: Streckenzug $0, 2 - 2j, 2 + 2j, 0$ (Bild 4.10).

Lösung: $f(z) = \dfrac{z}{1 - z^2}$ ist mit Ausnahme der beiden Punkte $z_1 = 1$ und $z_2 = -1$ in der gesamten z-Ebene holomorph. Durch Partialbruchzerlegung folgt

$$f(z) = \frac{z}{1 - z^2} = -\frac{1}{2}\left(\frac{1}{z - 1} + \frac{1}{z + 1}\right),$$

also gilt

$$I = \oint_{\mathfrak{C}} \frac{z\, dz}{1 - z^2} = -\frac{1}{2}\left\{\oint_{\mathfrak{C}} \frac{dz}{z - 1} + \oint_{\mathfrak{C}} \frac{dz}{z + 1}\right\}.$$

a) Da $\mathfrak{C}_1$ die Punkte z_1 und z_2 nicht einschließt, folgt nach dem Cauchyschen Integralsatz

$$\oint_{\mathfrak{C}_1} \frac{dz}{z - 1} = \oint_{\mathfrak{C}_1} \frac{dz}{z + 1} = 0 \Rightarrow I = 0.$$

b) Nach Satz 4.8 und (4.14) folgt $\oint\limits_{\mathfrak{C}_2} \dfrac{dz}{z-1} = 2\pi\,j$ und analog

$$\oint\limits_{\mathfrak{C}_2} \frac{dz}{z+1} = 2\pi\,j \Rightarrow I = -\frac{1}{2}(2\pi\,j + 2\pi\,j) = -2\pi\,j.$$

c) Nach (4.14) folgt $\oint\limits_{\mathfrak{C}_3} \dfrac{dz}{z-1} = 2\pi j.$ Da $z_2 = -1$ außerhalb von $\mathfrak{C}_3$ liegt, folgt

$$\oint\limits_{\mathfrak{C}_3} \frac{dz}{z+1} = 0 \Rightarrow I = -\frac{1}{2}(2\pi\,j + 0) = -\pi\,j.$$

d) Nach (4.12) kann anstelle von $\mathfrak{C}_4$ auch $\mathfrak{C}_3$ als Integrationsweg gewählt werden, so daß wiederum $I = -\pi\,j$ folgt.

* *Aufgabe 4.4:* Berechnen Sie $\oint\limits_{\mathfrak{C}} \dfrac{dz}{(z-z_0)^n}$ $(n \in \mathsf{N})$ längs folgender Wege (positiv orientiert)

a) $\mathfrak{C} = \mathfrak{C}_1$: Ellipse $z(t) = a \cos t + j\,b \sin t$ mit $0 \leqq t \leqq 2\pi$ und $|a| < |z_0|, |b| < |z_0|$. b) $\mathfrak{C} = \mathfrak{C}_2$: Kreis um $z = z_0$ mit Radius $\varrho > 0$. c) $\mathfrak{C} = \mathfrak{C}_3$: Quadrat um $z = z_0$ mit den Eckpunkten $z_0 - (1 + j)$, $z_0 + (1 - j)$, $z_0 + (1 + j)$ und $z_0 - (1 - j)$.

4.3.   Berechnung von Integralen mit Hilfe von Stammfunktionen

D.4.1 Definition 4.1: *Jede in G holomorphe Funktion F(z), deren Ableitung die Gleichung*

$$F'(z) = f(z) \tag{4.16}$$

erfüllt, heißt **Stammfunktion** *von f(z).*

Ohne Beweis wollen wir folgenden Satz angeben:

S.4.10 Satz 4.10: *Ist f(z) in einem einfach zusammenhängenden Gebiet G holomorph und z_0 ein fester Punkt von G, dann ist auch*

$$F(z) = \int\limits_{z_0}^{z} f(\zeta)\, d\zeta$$

eine in G holomorphe Funktion der oberen Grenze z, sofern der Integrationsweg nur ganz in G verläuft, aber sonst beliebig ist. F(z) ist Stammfunktion zu f(z), d. h., es gilt $F'(z) = f(z)$.

Die Ermittlung der Stammfunktion erfolgt analog zum Reellen. Ist $F_1(z)$ eine Stammfunktion von $f(z)$, dann gilt $F_1'(z) = f(z)$, und für jede komplexe Konstante C_1

folgt $[F_1(z) + C_1]' = f(z)$, also ist auch $F_1(z) + C_1$ Stammfunktion von $f(z)$. Stellt $F_2(z)$ ebenfalls eine Stammfunktion von $f(z)$ dar, dann gilt mit $[F_2(z) + C_2]' = f(z)$:

$$0 = [F_2(z) + C_2]' - [F_1(z) + C_1]' = [F_2(z) - F_1(z) + C_2 - C_1]'.$$

Nach (3.10) folgt, daß $F_2(z) - F_1(z)$ gleich einer Konstanten sein muß. Zwei Stammfunktionen unterscheiden sich damit nur um eine additive Konstante:

$$F_2(z) = F_1(z) + C. \tag{4.18}$$

Wir hatten schon mehrfach Sätze aus der reellen Analysis in das Komplexe übertragen können. Bezeichnen wir mit $F(z)$ irgendeine Stammfunktion von $f(z)$, dann nennt man die Summe $F(z) + c$, wobei c eine beliebig wählbare Konstante ist, **unbestimmtes Integral**:

$$\int f(z)\,\mathrm{d}z = F(z) + c. \tag{4.19}$$

Für die unbestimmten Integrale im Komplexen können ebenfalls Sätze aus dem Reellen übernommen werden, so z. B. die allgemeinen Integrationsregeln, die Formeln für die Grundintegrale (vgl. Bd. 2) und der Satz über die partielle Integration. Es gilt also

$$\int f(z)\,g'(z)\,\mathrm{d}z = f(z)\,g(z) - \int g(z)\,f'(z)\,\mathrm{d}z. \tag{4.20}$$

Die Frage nach dem Gültigkeitsbereich der entsprechenden Formeln muß immer beachtet werden.

Satz 4.11: *Ist $f(z)$ in einem einfach zusammenhängenden Gebiet G holomorph und besitzt in G die Stammfunktion $F(z)$, dann gilt*   **S.4.11**

$$\int\limits_a^b f(z)\,\mathrm{d}z = F(b) - F(a) = F(z)\big|_a^b, \tag{4.21}$$

falls a, b (komplexe Konstanten) und $\mathfrak{C}$ in G liegen. Das Integral ist vom Weg unabhängig.

Beweis: Aus $F(z) + C = \int\limits_b^z f(\zeta)\,\mathrm{d}\zeta$ folgt für $z = a$: $F(a) + C = 0$, also gilt $C = -F(a)$, und für $z = b$: $\int\limits_a^b f(\zeta)\,\mathrm{d}\zeta = F(b) + C$, und damit $\int\limits_a^b f(\zeta)\,\mathrm{d}\zeta = F(b) - F(a)$. ∎

Beispiel 4.5: Das Integral $\int\limits_{\mathfrak{C}} \mathrm{e}^z\,\mathrm{d}z$ ist längs folgender Wege zu ermitteln: a) $\mathfrak{C}_1$: Geradlinige Verbindung von 1 nach j, b) $\mathfrak{C}_2$: Kreisbogen um den Nullpunkt von 1 nach j (Bild 4.11).

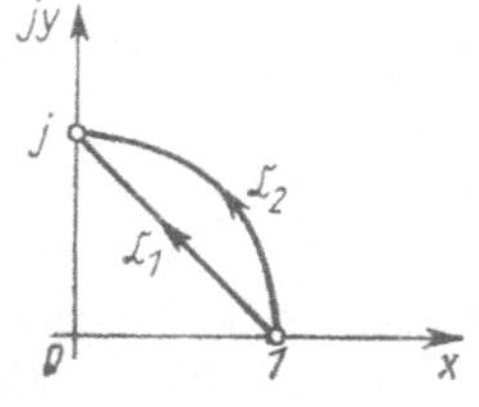

Bild 4.11. z-Ebene

Lösung: Für $f(z) = e^z$ ist $F(z) = e^z$ eine Stammfunktion, da $(e^z)' = e^z$ gilt. Somit folgt nach (4.19)

$$\int_1^j e^z \, dz = e^z \Big|_1^j = e^j - e = \cos 1 + j \sin 1 - e = -2{,}178 + j \cdot 0{,}841$$

für alle Wege $\mathfrak{C}$, die 1 und j verbinden und ganz im Holomorphiegebiet von $f(z) = e^z$ liegen. Das trifft auch für die unter a) und b) genannten Wege zu.

* *Aufgabe 4.5:* Bestimmen Sie eine Stammfunktion zu a) $f(z) = \dfrac{1}{z - z_0}$, $z \neq z_0$ (komplexe Konstante), b) $f(z) = \dfrac{1}{a^2 + z^2}$, $z \neq \pm j a$ (komplexe Konstante) und geben Sie das Gebiet an, in dem diese gültig ist.

Bemerkung: Benutzen Sie bei b) das Ergebnis von a).

* *Aufgabe 4.6:* Berechnen Sie $\displaystyle\int_{\mathfrak{C}} \dfrac{dz}{(z - z_0)^n}$ ($n \in \mathsf{N}$, $z \neq z_0$, komplexe Konstante) für den Fall, daß $\mathfrak{C}$ die Punkte a, b (komplexe Konstanten) verbindet und ganz im Holomorphiegebiet von $f(z) = \dfrac{1}{(z - z_0)^n}$ liegt. Geben Sie ein einfach zusammenhängendes Holomorphiegebiet für $f(z)$ an.

* *Aufgabe 4.7:* Berechnen Sie $\displaystyle\int_{\mathfrak{C}} z \sin z \, dz$, wenn $\mathfrak{C}$ a) die Punkte $1, -1$ verbindet und b) ein geschlossener Weg in der z-Ebene ist.

4.4.   Cauchysche Integralformel

Als wichtigste Folgerung aus dem Cauchyschen Integralsatz ergibt sich der

S.4.12 Satz 4.12 (Cauchysche Integralformel): *Es sei $f(z)$ in einem einfach zusammenhängenden abgeschlossenen Gebiet G holomorph, das von einem doppelpunktfreien positiv orientierten Weg $\mathfrak{C}$ begrenzt wird. Dann gilt die Beziehung*

$$f(z) = \frac{1}{2\pi j} \oint_{\mathfrak{C}} \frac{f(\zeta) \, d\zeta}{\zeta - z}. \tag{4.22}$$

Beweis: Mit $f(\zeta) = f(z) + [f(\zeta) - f(z)]$ und (4.7) gilt

$$\oint_{\mathfrak{C}} \frac{f(\zeta) \, d\zeta}{\zeta - z} = \oint_{\mathfrak{C}} \frac{f(z) \, d\zeta}{\zeta - z} + \oint_{\mathfrak{C}} \frac{f(\zeta) - f(z)}{\zeta - z} \, d\zeta.$$

Mit (4.14) folgt

$$\oint_{\mathfrak{C}} \frac{f(\zeta) \, d\zeta}{\zeta - z} = 2\pi j \, f(z) + \oint_{\mathfrak{C}} \frac{f(\zeta) - f(z)}{\zeta - z} \, d\zeta. \tag{$*$}$$

Nach (4.12) können wir für das rechts stehende Integral als Weg $\mathfrak{C}$ einen Kreis um den Punkt z mit Radius ϱ, $\zeta(t) - z = \varrho \, e^{jt}$ ($0 \leq t \leq 2\pi$), und wegen der vorausgesetzten Stetigkeit von $f(\zeta)$ diesen Radius beliebig klein wählen, so daß $|f(\zeta) - f(z)|$

$< \varepsilon$ für alle ζ gilt, die auf dem Kreis liegen. Nach (4.8) gilt mit $|\zeta - z| = \varrho$ die Abschätzung

$$\left| \oint_{\mathfrak{C}} \frac{f(\zeta) - f(z)}{\zeta - z}\, d\zeta \right| \leqq \frac{\varepsilon}{\varrho}\, 2\pi\varrho = 2\pi\varepsilon \Rightarrow \oint_{\mathfrak{C}} \frac{f(\zeta) - f(z)}{\zeta - z}\, d\zeta = 0.$$

Aus (*) folgt dann (4.22). ∎

Die Cauchysche Integralformel besagt, daß für eine in G holomorphe Funktion $f(z)$ alle Funktionswerte $f(z)$ im Innern eines geschlossenen Weges $\mathfrak{C}$ berechnet werden können, wenn nur die Funktionswerte $f(\zeta)$ auf dem Rand $\mathfrak{C}$ bekannt sind. Die Eigenschaft der Holomorphie beinhaltet eine starke innere Verkettung der Funktionswerte. Im Reellen kann eine derartige Aussage nicht gemacht werden.

Durch Bezeichnungsänderungen von z durch z_0 und ζ durch z erhält die Cauchysche Integralformel (4.22) die Gestalt

$$f(z_0) = \frac{1}{2\pi j} \oint_{\mathfrak{C}} \frac{f(z)}{z - z_0}\, dz. \tag{4.22'}$$

Die Cauchysche Integralformel läßt sich auf mehrfach zusammenhängende abgeschlossene Gebiete ausdehnen. Ist $f(z)$ in einem zwischen den beiden Kurven $\mathfrak{C}_1$ und $\mathfrak{C}_2$ liegenden Ringgebiet G (Bild 4.12) einschließlich der Ränder holomorph, so kann unter Anwendung des Cauchyschen Integralsatzes die Gültigkeit von

$$f(z) = \frac{1}{2\pi j} \oint_{\mathfrak{C}_1} \frac{f(\zeta)}{\zeta - z}\, d\zeta - \frac{1}{2\pi j} \oint_{\mathfrak{C}_2} \frac{f(\zeta)}{\zeta - z}\, d\zeta \tag{4.23}$$

nachgewiesen werden.

Dabei ist ζ im ersten Integral ein Randpunkt auf $\mathfrak{C}_1$ und im zweiten Integral ein Randpunkt auf $\mathfrak{C}_2$. Beide Randkurven $\mathfrak{C}_1$ und $\mathfrak{C}_2$ werden gleichsinnig durchlaufen.

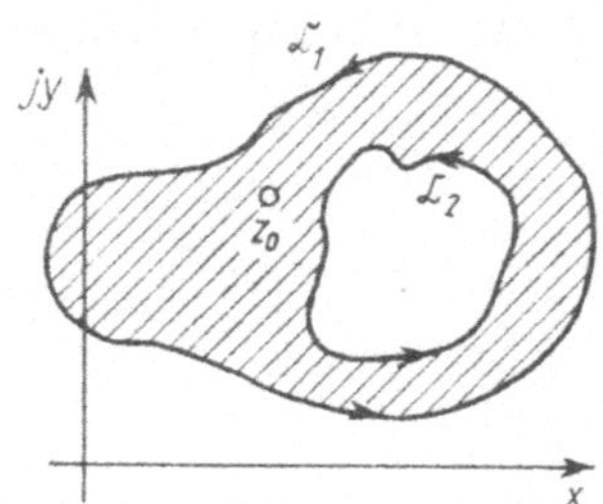

Bild 4.12. z-Ebene

Beispiel 4.6: Für eine in der gesamten z-Ebene holomorphe Funktion $g(z)$ mit $g(2) \neq 0$ und $g(-j) \neq 0$ berechne man

$$I = \oint_{\mathfrak{C}} \frac{g(z)}{(z - 2)(z + j)}\, dz,$$

wenn $\mathfrak{C}$ der mathematisch positiv orientierte Kreis

a) $\mathfrak{C} = \mathfrak{C}_1 : |z| = \varrho$ mit $0 < \varrho < 1$,   b) $\mathfrak{C} = \mathfrak{C}_2 : |z - 2| = \varrho$ mit $0 < \varrho < 1$,

c) $\mathfrak{C} = \mathfrak{C}_3 : |z + j| = \varrho$ mit $0 < \varrho < 1$,   d) $\mathfrak{C} = \mathfrak{C}_4 : |z| = \varrho$ mit $\varrho > 2$

ist.

Lösung: Partialbruchzerlegung:

$$\frac{1}{(z-2)(z+j)} = \frac{1}{2+j}\left(\frac{1}{z-2} - \frac{1}{z+j}\right).$$

$$I = \oint_{\mathfrak{C}} \frac{g(z)\,dz}{(z-2)(z+j)} = \frac{1}{2+j}\left[\oint_{\mathfrak{C}} \frac{g(z)}{z-2}\,dz - \oint_{\mathfrak{C}} \frac{g(z)}{z+j}\,dz\right].$$

a) Die Pole $z_{01} = 2$ und $z_{02} = -j$ liegen nicht innerhalb von $\mathfrak{C}_1$, also gilt nach (4.10) $I = I_1 = 0$. b) Da nur $z_{01} = 2$ von $\mathfrak{C}_2$ umschlossen wird, ist

$$\oint_{\mathfrak{C}_2} \frac{g(z)}{z+j}\,dz = 0,$$

und mit (4.22') folgt $g(2) \cdot 2\pi j = \oint_{\mathfrak{C}_2} \frac{g(z)}{z-2}\,dz$; somit ergibt sich

$$I = I_2 = \frac{1}{2+j}\oint_{\mathfrak{C}_2} \frac{g(z)}{z-2}\,dz = \frac{1}{2+j}\,g(2) \cdot 2\pi j = \frac{2}{5}j(2-j)\,\pi\,g(2),$$

$$I = I_2 = (2/5)(1+2j)\,\pi\,g(2).$$

c) $$I = I_3 = \frac{-1}{2+j}\oint_{\mathfrak{C}_3} \frac{g(z)}{z+j}\,dz = \frac{-1}{2+j}\,g(-j) \cdot 2\pi j = -\frac{2}{5}(1+2j)\,\pi\,g(-j).$$

d) $$I = I_2 + I_3 = (2/5)(1+2j)\,\pi[g(2) - g(-j)].$$

Aus der Cauchyschen Integralformel kann eine weitere grundlegende Beziehung hergeleitet werden, die hier nicht bewiesen werden soll. Unter den gleichen Bedingungen wie in Satz 4.12 gilt

S.4.1 Satz 4.13: *Besitzt $f(z)$ im einfach zusammenhängenden abgeschlossenen Gebiet G die erste Ableitung $f'(z)$, so existieren in G auch sämtliche Ableitungen höherer Ordnung, und es gilt*

$$f^{(n)}(z) = \frac{n!}{2\pi j}\oint_{\mathfrak{C}} \frac{f(\zeta)}{(\zeta - z)^{n+1}}\,d\zeta \tag{4.24}$$

bzw.

$$f^{(n)}(z_0) = \frac{n!}{2\pi j}\oint_{\mathfrak{C}} \frac{f(z)\,dz}{(z - z_0)^{n+1}} \quad (n = 1, 2, \ldots). \tag{4.24'}$$

Sämtliche Ableitungen einer holomorphen Funktion $f(z)$ sind wieder holomorph.

Dieser Satz zeigt deutlich, welche Auswirkungen die Holomorphieforderung besitzt. Eine derartige Schlußfolgerung konnte bei Funktionen einer reellen Variablen keineswegs gezogen werden.

Beispiel 4.7: Mit Hilfe von Gleichung (4.24') berechne man $\oint_{\mathfrak{C}} \frac{z^3 dz}{(z-j)^3}$. Als Weg $\mathfrak{C}$ wird die Ellipse $z(t) = 2\cos t + j \cdot 3\sin t$, $0 \leq t \leq 2\pi$, gewählt.

Lösung: Nach (4.24') gilt $n + 1 = 3$ und $f(z) = z^3 \Rightarrow f''(z) = 6z$, und mit $z_0 = j$ folgt

$$f''(j) = \frac{2!}{2\pi j}\oint_{\mathfrak{C}} \frac{z^3 dz}{(z-j)^3} \Rightarrow \oint_{\mathfrak{C}} \frac{z^3\,dz}{(z-j)^3} = f''(j)\,\pi j = -6\pi.$$

Mit (4.24) kann gezeigt werden, daß der Cauchysche Integralsatz umkehrbar ist:

Satz 4.14 (Satz von Morera): *Ist für eine in einem einfach zusammenhängenden Gebiet* S.4.14
G stetige Funktion $f(z)$ und für alle in G liegenden geschlossenen Wege $\mathfrak{C}$

$$\oint_{\mathfrak{C}} f(z)\,\mathrm{d}z = 0,$$

dann ist $f(z)$ in G holomorph.

Beweis: Das Integral $F(z) = \int_{z_0}^{z} f(\zeta)\,\mathrm{d}\zeta$ ist nach Voraussetzung vom Weg unabhängig,

also gilt nach Satz 4.10 für die in G holomorphe Funktion $F(z)$: $F'(z) = f(z)$. Nach Satz 4.13 müssen dann aber auch F'', F''', ..., d. h. also auch $f'(z)$, $f''(z)$, ... existieren; somit ist $f(z)$ in G holomorph. ∎

Satz 4.15 (Cauchysche Ungleichung): *Ist $f(z)$ im Innern und auf dem Rand eines* S.4.15
Kreises $\mathfrak{C}$ mit Radius ϱ und Mittelpunkt z_0 holomorph und gilt auf $\mathfrak{C}$ $|f(z)| \leq M$
(Konstante), dann gilt die Ungleichung

$$|f^{(n)}(z_0)| \leq \frac{n!\,M}{\varrho^n} \quad (n = 0, 1, 2, \ldots). \tag{4.25}$$

Beweis: Nach (4.24') folgt mit $z = z_0 + \varrho\,\mathrm{e}^{\mathrm{j}t}$ $(0 \leq t \leq 2\pi)$

$$f^{(n)}(z_0) = \frac{n!}{2\pi\,\mathrm{j}} \int_0^{2\pi} \frac{f(z_0 + \varrho\,\mathrm{e}^{\mathrm{j}t})}{(\varrho\,\mathrm{e}^{\mathrm{j}t})^{n+1}} \varrho\,\mathrm{j}\,\mathrm{e}^{\mathrm{j}t}\,\mathrm{d}t.$$

Durch Betragsbildung und Anwendung von $|f(z)| \leq M$ und (4.8) ergibt sich

$$|f^{(n)}(z_0)| \leq \frac{n!}{2\pi} \int_0^{2\pi} \frac{M}{\varrho^n}\,\mathrm{d}t = \frac{n!\,M}{\varrho^n}. \quad ∎$$

Aus der Cauchyschen Integralformel kann eine Beziehung hergeleitet werden, die für die Berechnung von Randwertaufgaben für ebene Felder von Bedeutung ist. Für eine im Innern eines Kreises K: $z = R\,\mathrm{e}^{\mathrm{j}\psi}$ analytische Funktion $w = f(z)$ gilt für einen beliebigen Punkt $z = r\,\mathrm{e}^{\mathrm{j}\varphi}$ $(R > r)$ nach (4.22)

$$f(z) = \frac{1}{2\pi\,\mathrm{j}} \int_0^{2\pi} \frac{f(R\,\mathrm{e}^{\mathrm{j}\psi})\,\mathrm{j}\,R\,\mathrm{e}^{\mathrm{j}\psi}}{R\,\mathrm{e}^{\mathrm{j}\psi} - r\,\mathrm{e}^{\mathrm{j}\varphi}}\,\mathrm{d}\psi = \frac{1}{2\pi} \int_0^{2\pi} f(R\,\mathrm{e}^{\mathrm{j}\psi}) \frac{R\,\mathrm{e}^{\mathrm{j}\psi}\,\mathrm{d}\psi}{R\,\mathrm{e}^{\mathrm{j}\psi} - r\,\mathrm{e}^{\mathrm{j}\varphi}}. \tag{4.26}$$

Geht z^* durch Spiegelung aus K hervor, d. h., gilt $z^* = \dfrac{R^2}{r}\,\mathrm{e}^{\mathrm{j}\varphi}$, dann liegt z^* außerhalb von K, und $\dfrac{f(\zeta)}{\zeta - z}$ ist eine im Innern und auf dem Kreis K selbst holomorphe Funktion. Somit gilt

$$0 = \frac{1}{2\pi\,\mathrm{j}} \int_K \frac{f(\zeta)\,\mathrm{d}\zeta}{\zeta - z^*} = \frac{1}{2\pi} \int^{2\pi} f(R\,\mathrm{e}^{\mathrm{j}\psi}) \frac{r\,\mathrm{e}^{\mathrm{j}\psi}}{r\,\mathrm{e}^{\mathrm{j}\psi} - R\,\mathrm{e}^{\mathrm{j}\psi}}\,\mathrm{d}\psi. \tag{4.27}$$

Aus der Differenz (4.26)−(4.27) folgt dann bei entsprechender Umformung

$$f(z) = \frac{1}{2\pi} \int\limits_0^{2\pi} f(R\,e^{j\psi})\, \frac{R^2 - r^2}{R^2 - 2Rr\cos(\psi - \varphi) + r^2}\, d\psi.$$

Mit $f(z) = u(r, \varphi) + j\,v(r, \varphi)$ erhält man durch Vergleich der Realteile beider Seiten die sog. **Poissonsche Integralformel**

$$u(r, \varphi) = \frac{1}{2\pi} \int\limits_0^{2\pi} u(R, \psi)\, \frac{R^2 - r^2}{R^2 - 2Rr\cos(\psi - \varphi) + r^2}\, d\psi. \tag{4.28}$$

Die Werte einer beliebigen harmonischen Funktion im Innern eines Kreises K können also durch die Randwerte dieser Funktion ausgedrückt werden. Die Poissonsche Integralformel kann u. a. auch für die rechte Halbebene (vgl. [16]) oder die obere Halbebene (vgl. [12]) entwickelt werden. Bei der **1. Randwertaufgabe der Potentialtheorie (Dirichletsches Problem)** sind die Randwerte vorgegeben, so daß mit Hilfe der Poissonschen Integralformel unmittelbar eine harmonische Funktion gewonnen werden kann, die diese Randwerte annimmt.

Ohne Beweis wollen wir noch das Prinzip vom Maximum angeben. Ist in (4.26) $z = 0$, d. h., untersuchen wir die holomorphe Funktion $f(z)$ im Mittelpunkt des Kreises $\mathfrak{C}$, dann folgt

$$f(0) = \frac{1}{2\pi j} \int\limits_0^{2\pi} \frac{f(Re^{j\psi})\, jRe^{j\psi}\, d\psi}{R\,e^{j\psi}} = \frac{1}{2\pi} \int\limits_0^{2\pi} f(R\,e^{j\psi})\, d\psi.$$

Also ist der Wert einer holomorphen Funktion $f(z)$ im Mittelpunkt des Kreises $\mathfrak{C}$ ($z = 0$) gleich dem arithmetischen Mittel ihrer Werte auf dem Kreisrande. Mit Hilfe der eben hergeleiteten Formel kann ein äußerst wichtiges Prinzip der Theorie der analytischen Funktionen aufgestellt werden, das sog.

Prinzip vom Maximum: *Ist die nichtkonstante Funktion $f(z)$ im einfach zusammenhängenden abgeschlossenen Gebiet G holomorph, dann nimmt der Absolutbetrag von $f(z)$ seinen größten Wert in keinem inneren Punkt von G, sondern nur auf dem Rand von G an.*

Diese Aussage läßt sich auch auf mehrfach zusammenhängende Gebiete ausdehnen.

* *Aufgabe 4.8:* Berechnen Sie $I = \oint\limits_{\mathfrak{C}} \dfrac{(z^2 + jz)\,dz}{z^2 - (1 + j)\,z + j}$ für den Fall, daß $\mathfrak{C}$ ein mathematisch positiv orientierter Kreis mit a) $\mathfrak{C}_1\colon |z - 1| = \varrho,\ 0 < \varrho < 1$; b) $\mathfrak{C}_2\colon |z| = \varrho,\ 0 < \varrho < 1$; c) $\mathfrak{C}_3\colon |z - j| = \varrho,\ 0 < \varrho < 1$; d) $\mathfrak{C}_4\colon |z| = \varrho,\ \varrho > 1$, ist.

* *Aufgabe 4.9:* Bestimmen Sie $I = \oint\limits_{\mathfrak{C}} \dfrac{z\cos z}{z^2 - \pi^2}\, dz$ für a) $\mathfrak{C}_1$: Kreis um den Nullpunkt mit dem Radius $0 < \varrho < 2$; b) $\mathfrak{C}_2$: Quadrat mit den Ecken 5, 5j, −5, −5j ($\mathfrak{C}$ mathematisch positiv orientiert).

* *Aufgabe 4.10:* Man berechne $\oint\limits_{\mathfrak{C}} \dfrac{e^z\,dz}{(z - 2)^3}$, wenn $\mathfrak{C}$ der Kreis $|z - 2| = \varrho,\ \varrho > 0$, ist.

5. Reihenentwicklungen. Singuläre Stellen

5.1. Reihen mit komplexen Gliedern

Anknüpfend an die Ausführungen im Abschnitt 2.3. und die Aussagen im Reellen über Zahlenfolgen und Reihen, werden jetzt Reihen mit komplexen Gliedern betrachtet. Wir bilden also analog zum Reellen aus einer komplexen Zahlenfolge $z_0, z_1, z_2, \ldots$ (z_ν komplexe Zahl, $\nu = 0, 1, 2, \ldots$) den Ausdruck

$$z_0 + z_1 + z_2 + \ldots = \sum_{\nu=0}^{\infty} z_\nu \tag{5.1}$$

und nennen (5.1) **unendliche Reihe** mit komplexen Gliedern. Unter einer *Teilsumme* oder *Partialsumme* von (5.1) verstehen wir

$$s_n = z_0 + z_1 + \ldots + z_n = \sum_{\nu=0}^{n} z_\nu. \tag{5.2}$$

Definition 5.1: *Eine unendliche Reihe* (5.1) *heißt* **konvergent**, *wenn die Folge ihrer* **D.5.1** *Teilsummen konvergiert. Der Grenzwert*

$$s = \lim_{n \to \infty} s_n \tag{5.3}$$

heißt **Summe** *der Reihe* (5.1).

Mit Hilfe von Satz 2.3 kann leicht der folgende Satz nachgewiesen werden.

Satz 5.1: *Eine Reihe komplexer Glieder* **S.5.1**

$$\sum_{\nu=0}^{\infty} z_\nu = \sum_{\nu=0}^{\infty} (x_\nu + j\, y_\nu)$$

konvergiert dann und nur dann, wenn die Reihen der Real- und Imaginärteile, also $\sum_{\nu=0}^{\infty} x_\nu$ *und* $\sum_{\nu=0}^{\infty} y_\nu$, *konvergieren.*

Wird (5.1) als konvergent vorausgesetzt, so gilt für die Partialsummen

$$\lim_{n \to \infty} s_n = s \quad \text{und} \quad \lim_{n \to \infty} s_{n-1} = s,$$

und daraus folgt die **notwendige** (aber nicht hinreichende) **Konvergenzbedingung**

$$\lim_{n \to \infty} (s_n - s_{n-1}) = \lim_{n \to \infty} z_n = 0. \tag{5.4}$$

Betrachten wir die aus der Reihe (5.1) durch Betragsbildung entstehende Reihe

$$|z_0| + |z_1| + |z_2| + \ldots = \sum_{\nu=0}^{\infty} |z_\nu|, \tag{5.5}$$

so erhalten wir eine Reihe mit nur positiven Gliedern. Es gilt

S.5.2 Satz 5.2: *Aus der Konvergenz der Reihe $\sum\limits_{\nu=0}^{\infty} |z_\nu|$ folgt die Konvergenz der Reihe $\sum\limits_{\nu=0}^{\infty} z_\nu$.*

Beweis: Da $|z_\nu| = \sqrt{x_\nu^2 + y_\nu^2}$ gilt, folgt daraus $|z_\nu| \geq |x_\nu|$ und $|z_\nu| \geq |y_\nu|$, so daß $\sum\limits_{\nu=0}^{\infty} |z_\nu|$ eine Majorante von $\sum\limits_{\nu=0}^{\infty} |x_\nu|$ und von $\sum\limits_{\nu=0}^{\infty} |y_\nu|$ ist. Da (5.5) als konvergent vorausgesetzt war, müssen also auch $\sum\limits_{\nu=0}^{\infty} x_\nu$ und $\sum\limits_{\nu=0}^{\infty} y_\nu$ absolut konvergieren, d. h., daß nach Satz 5.1 auch $\sum\limits_{\nu=0}^{\infty} z_\nu$ konvergiert. ∎

Für das Rechnen mit konvergenten Reihen im Komplexen kann man die gleichen Regeln wie im Reellen anwenden. Es gelten die folgenden Sätze:

S.5.3 Satz 5.3: *Sind $\sum\limits_{\nu=0}^{\infty} z_\nu$ und $\sum\limits_{\nu=0}^{\infty} z_\nu^*$ konvergente Reihen mit komplexen Gliedern und a, b beliebige komplexe Zahlen, dann gilt*

$$a \sum_{\nu=0}^{\infty} z_\nu + b \sum_{\nu=0}^{\infty} z_\nu^* = \sum_{\nu=0}^{\infty} (az_\nu + bz_\nu^*). \tag{5.6}$$

Der Beweis kann erfolgen, indem die Untersuchung durch $z_\nu = x_\nu + \mathrm{j}\,y_\nu$ und $z_\nu^* = x_\nu^* + \mathrm{j}\,y_\nu^*$ auf Reihen mit reellen Gliedern zurückgeführt wird. Führen Sie dies aus!

D.5.2 Definition 5.2: *Eine Reihe mit komplexen Gliedern (5.1)* **konvergiert absolut,** *wenn die Reihe der Absolutbeträge der einzelnen Glieder (5.5) konvergiert.*

Man beachte, daß die Umkehrung der Aussage in Def. 5.2 nicht gilt. Es gibt komplexe Reihen, die zwar konvergent, aber nicht absolut konvergent sind. Derartige Reihen nennen wir dann **bedingt konvergent,** andernfalls **unbedingt konvergent.**

S.5.4 Satz 5.4: *Für absolut konvergente Reihen mit komplexen Gliedern $\sum\limits_{\nu=0}^{\infty} z_\nu$, $\sum\limits_{\nu=0}^{\infty} z_\nu^*$ gilt*

$$\left(\sum_{\nu=0}^{\infty} z_\nu \right) \left(\sum_{\nu=0}^{\infty} z_\nu^* \right) = \sum_{n=0}^{\infty} \tilde{z}_n \tag{5.7}$$

mit

$$\tilde{z}_n = \sum_{\nu=0}^{n} z_\nu z_{n-\nu}^* \quad (n = 0, 1, 2, \ldots). \tag{5.8}$$

5.2.   Funktionenreihen. Potenzreihen

Analog zum Reellen lassen sich auch im Komplexen Funktionenreihen definieren. Sind $f_1(z), f_2(z), \ldots$ in einem Gebiet G definierte komplexe Funktionen einer komplexen Veränderlichen z, dann nennen wir

$$f_1(z) + f_2(z) + \ldots = \sum_{\nu=0}^{\infty} f_\nu(z) \tag{5.9}$$

eine **Funktionenreihe.** Die Menge aller $z \in M$, für die die Reihe (5.9) konvergiert, nennen wir wie im Reellen *Konvergenzbereich.*

Für das Rechnen mit Reihen war im Reellen der Begriff der gleichmäßigen Konvergenz von Bedeutung (Bd. 3, Abschnitt 3). Wir definieren analog:

Definition 5.3: *Eine Funktionenreihe mit komplexen Gliedern* $\sum\limits_{v=0}^{\infty} f_v(z)$ *heißt in einem* **D.5.3**
Gebiet G **gleichmäßig konvergent** *mit der Summenfunktion* $s(z)$, *wenn zu jedem* $\varepsilon > 0$ *eine von z unabhängige natürliche Zahl* $N(\varepsilon)$ *existiert, so daß*

$$|s(z) - s_n(z)| = |f_{n+1}(z) + f_{n+2}(z) + \ldots| < \varepsilon$$

für alle $n \geqq N(\varepsilon)$ *unabhängig von* $z \in G$ *gilt.*

Der absolute Fehler, der bei der Ersetzung der Reihensumme $s(z)$ durch die Teilsumme $s_n(z)$ gemacht wird, ist also bei gleichmäßig konvergenten Reihen unabhängig von $z \in G$ kleiner als ε.

Ohne Beweis seien die beiden folgenden Sätze angegeben:

Satz 5.5: *Sind die Glieder* $f_n(z)$ *einer gleichmäßig konvergenten Reihe stetige Funk-* **S.5.5**
tionen in G, dann ist auch die Summenfunktion $s(z)$ *der Reihe eine in G stetige Funktion.*

Satz 5.6: *Gilt für alle Glieder einer Funktionenreihe* **S.5.6**

$$|f_v(z)| \leqq a_v \quad (a_v > 0, \text{ const}) \tag{5.10}$$

und ist die Reihe $\sum\limits_{v=0}^{\infty} a_v$ *konvergent, dann ist die Reihe* $\sum\limits_{v=0}^{\infty} f_v(z)$ *gleichmäßig (und absolut) konvergent.*

Als Sonderfall der Funktionenreihen spielen wie im Reellen die Potenzreihen eine besondere Rolle. Wir erklären

Definition 5.4: *Eine Reihe der Form* **D.5.4**

$$c_0 + c_1(z - z_0) + c_2(z - z_0)^2 + \ldots = \sum\limits_{v=0}^{\infty} c_v(z - z_0)^v, \tag{5.11}$$

wobei c_v *und* z_0 *beliebige komplexe Konstanten sind, heißt* **Potenzreihe nach Potenzen von** $(z - z_0)$ *oder* **Potenzreihe mit dem Mittelpunkt** z_0.

Die im Reellen aufgestellten Sätze über Potenzreihen gelten auch im Komplexen. Ohne Beweis seien einige Sätze über komplexe Potenzreihen angegeben:

Satz 5.7: *Zu jeder Potenzreihe, die weder beständig (d. h. in jedem Punkt der z-Ebene)* **S.5.7**
noch nirgends (d. h. in keinem Punkt $z \neq z_0$) *konvergiert, gibt es eine positive Zahl r derart, daß die Potenzreihe*

für alle z mit $|z - z_0| < r$ *absolut konvergiert und*
für alle z mit $|z - z_0| > r$ *divergiert (Bild 5.1).*

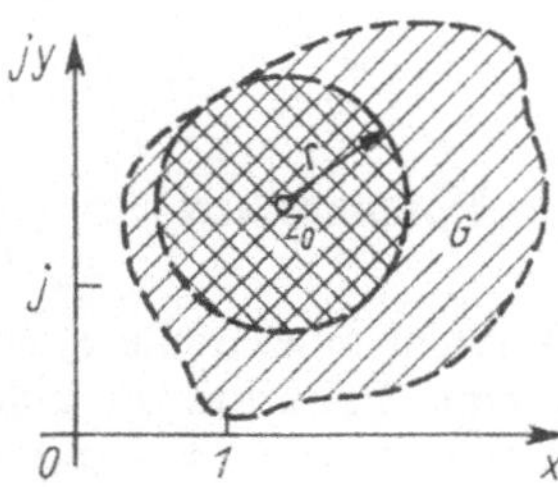

Bild 5.1. Konvergenzkreis

Den Kreis $z - z_0 = r$ nennt man **Konvergenzkreis** *mit dem* **Konvergenzradius** *r. In den Randpunkten des Konvergenzkreises kann die Potenzreihe konvergieren oder auch divergieren. Im Gegensatz zum Reellen, wo ein Konvergenzintervall vorlag, bestimmt der Konvergenzbereich im Komplexen ein Kreisgebiet, für dessen innere Punkte die komplexe Potenzreihe konvergiert.*

Für den Konvergenzradius gilt

$$r = \frac{1}{\limsup\limits_{\nu \to \infty} \sqrt[\nu]{|c_\nu|}}. \tag{5.12}$$

S.5.8 Satz 5.8: *Eine Potenzreihe (5.11) stellt im Innern des Konvergenzkreises eine dort holomorphe Funktion $f(z)$ dar. Es gilt also*

$$f(z) = \sum_{\nu=0}^{\infty} c_\nu \, (z - z_0)^\nu. \tag{5.13}$$

$f(z)$ hat im Innern des Konvergenzkreises Ableitungen jeder Ordnung, die durch gliedweise Differentiation der Potenzreihe gewonnen werden. Für die p-te Ableitung gilt

$$f^{(p)}(z) = p! \sum_{\nu=0}^{\infty} \binom{\nu + p}{p} c_{\nu+p} \, (z - z_0). \tag{5.14}$$

Wird in (5.14) $z = z_0$ gesetzt, so folgt

$$f^{(p)}(z_0) = p! \, c_p \Rightarrow c_p = \frac{1}{p!} f^{(p)}(z_0),$$

und mit (4.24') erhalten wir

$$c_p = \frac{1}{p!} f^{(p)}(z_0) = \frac{1}{2\pi j} \oint\limits_{\mathfrak{C}} \frac{f(z)\,\mathrm{d}z}{(z - z_0)^{p+1}}. \tag{5.15}$$

Nach (4.25) folgt weiter

$$|c_p| \leqq \frac{M}{\varrho^p}.$$

★ *Aufgabe 5.1:* Die Reihe $\sum\limits_{\nu=1}^{\infty} \dfrac{\nu j}{\nu + j}$ ist auf Konvergenz zu untersuchen!

★ *Aufgabe 5.2:* Man bestimme den Konvergenzbereich der Potenzreihe

$$\sum_{\nu=1}^{\infty} \frac{1}{\nu^\nu} (z - j)^\nu.$$

5.3. Entwicklung holomorpher Funktionen in Potenzreihen

Im Reellen war die Differenzierbarkeit einer Funktion an einer Stelle x_0 notwendige, aber nicht hinreichende Bedingung dafür, daß eine Funktion in einer Umgebung dieses Punktes in eine Potenzreihe nach Potenzen von $(x - x_0)$ entwickelt werden konnte. Im Komplexen dagegen läßt sich jede in z_0 holomorphe Funktion in eine Potenzreihe nach Potenzen von $(z - z_0)$ entwickeln. Es gilt der für die Funktionentheorie grundlegende

Satz 5.9 (Entwicklungssatz): *Ist $f(z)$ in G holomorph und z_0 innerer Punkt von G,* S.5.9
dann gibt es stets eine und nur eine Potenzreihe der Form

$$\sum_{\nu=0}^{\infty} c_\nu (z - z_0)^\nu$$

(Taylorreihe), die mindestens im Innengebiet des größten Kreises um z_0, der ganz in G liegt, konvergiert und dort die Funktion

$$f(z) = \sum_{\nu=0}^{\infty} c_\nu (z - z_0)^\nu \tag{5.16}$$

darstellt, wobei nach (5.15)

$$c_\nu = \frac{f^{(\nu)}(z_0)}{\nu!} \quad (\nu = 0, 1, 2, \ldots) \tag{5.17}$$

gilt.

Beweis: z sei ein beliebiger innerer Punkt des Kreises $\mathfrak{C}$ mit Radius r um den Mittelpunkt z_0. Wir wählen einen Kreis $\mathfrak{C}'$ um z_0 mit Radius ϱ so, daß $\varrho < r$ gilt und der Punkt z im Innern des Kreises $\mathfrak{C}'$ liegt (Bild 5.2).

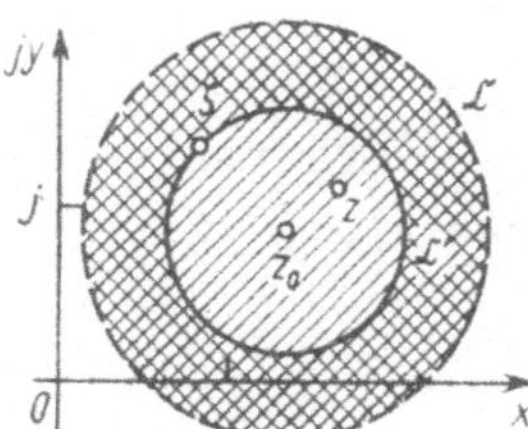

Bild 5.2. Konvergenzkreis

Wird $f(z)$ im Innern von $\mathfrak{C}$ als holomorph vorausgesetzt, dann gilt nach (4.22)

$$f(z) = \frac{1}{2\pi j} \oint_{\mathfrak{C}'} \frac{f(\zeta)\, \mathrm{d}\zeta}{\zeta - z}. \tag{*}$$

Betrachten wir

$$\frac{1}{\zeta - z} = \frac{1}{\zeta - z_0} \frac{1}{1 - \dfrac{z - z_0}{\zeta - z_0}} = \sum_{\nu=0}^{\infty} \frac{(z - z_0)^\nu}{(\zeta - z_0)^{\nu+1}} \tag{**}$$

als Summe einer unendlichen geometrischen Reihe, dann ist diese Reihe bei konstantem z, gleichgültig wie ζ auf dem Kreis $\mathfrak{C}'$ gewählt wird, gleichmäßig konvergent, da $\left| \dfrac{z - z_0}{\zeta - z_0} \right| < 1$ ist. Multipliziert man (**) mit $f(\zeta)$ und integriert längs $\mathfrak{C}'$, dann erhält man nach Division durch $2\pi\,\mathrm{j}$

$$\frac{1}{2\pi\,\mathrm{j}} \oint_{\mathfrak{C}'} \frac{f(\zeta)\,\mathrm{d}\zeta}{\zeta - z} = \sum_{\nu=0}^{\infty} \frac{1}{2\pi\,\mathrm{j}} \oint_{\mathfrak{C}'} \frac{f(\zeta)}{(\zeta-z_0)^{\nu+1}} (z - z_0)^{\nu}\mathrm{d}\zeta.$$

Nach (*) und (4.24) folgt daraus

$$f(z) = \sum_{\nu=0}^{\infty} \frac{1}{\nu!} f^{(\nu)}(z_0)\,(z - z_0)^{\nu} = \sum_{\nu=0}^{\infty} c_{\nu}(z - z_0)^{\nu}. \quad \blacksquare$$

Daß dies die einzig mögliche Entwicklung ist, ergibt sich aus dem folgenden Satz (vgl. Band 3):

S.5.10 Satz 5.10 (Identitätssatz für Potenzreihen): *Besitzen die beiden Potenzreihen*

$$\sum_{\nu=0}^{\infty} c_{\nu}(z - z_0)^{\nu} \quad und \quad \sum_{\nu=0}^{\infty} c_{\nu}^{*}(z - z_0)^{\nu}$$

einen positiven Konvergenzradius und stimmen ihre Summen für alle Punkte einer konvergenten Folge $\{z_{\nu}\}$ mit dem Grenzwert $\lim\limits_{\nu\to\infty} z_{\nu} = z_0$ $(z_{\nu} \neq z_0)$ überein, dann sind beide Reihen identisch.

Beispiel 5.1: Entwickeln Sie folgende Funktionen in Potenzreihen um z_0 und geben Sie den Konvergenzbereich an:

a) $\qquad f(z) = \cosh z \quad (z_0 = 0),$ \quad b) $f(z) = \dfrac{2z - 1}{z(z - 1)} \quad (z_0 = -1).$

Lösung:

a) $\qquad f(z) = f''(z) = \ldots = f^{(2n)}(z) = \cosh z \quad (n \in \mathsf{N}), \qquad f^{(2n)}(0) = 1,$

$f'(z) = f^{(3)}(z) = \ldots = f^{(2n+1)}(z) = \sinh z, \qquad f^{(2n+1)}(0) = 0.$

Mit (5.17) und (5.16) folgt

$$f(z) = \cosh z = 1 + \frac{z^2}{2!} + \frac{z^4}{4!} + \ldots = \sum_{n=0}^{\infty} \frac{z^{2n}}{(2n)!},$$

und mit (5.12) folgt $r = \infty$.

b) Die Entwicklung kann wie unter a) mit Hilfe der Taylorreihe erfolgen, wir wollen jedoch anders vorgehen. Durch Partialbruchzerlegung folgt $f(z) = \dfrac{2z - 1}{z(z - 1)} = \dfrac{1}{z} + \dfrac{1}{z - 1}$. Die rechts stehenden Ausdrücke entwickeln wir nach

$$g(z) = \frac{1}{z - a} = \frac{1}{z_0 - a} \, \frac{1}{1 - \dfrac{z - z_0}{a - z_0}} \tag{5.18}$$

und fassen $q = \dfrac{z - z_0}{a - z_0}$ als Quotienten und $g(z)$ als Summe einer geometrischen Reihe auf, so daß mit $\left|\dfrac{z - z_0}{a - z_0}\right| < 1$ gilt

$$g(z) = \frac{1}{z_0 - a} \sum_{n=0}^{\infty} \left(\frac{z - z_0}{a - z_0}\right)^{n}. \tag{5.19}$$

Für $z_0 = -1$ folgt dann

$$g_1(z) = \frac{1}{z} = \frac{1}{-1} \sum_{n=0}^{\infty} (z + 1)^n \quad (|z + 1| < 1),$$

$$g_2(z) = \frac{1}{z - 1} = \frac{1}{-2} \sum_{n=0}^{\infty} \left(\frac{z + 1}{2}\right)^n = -\sum_{n=0}^{\infty} \frac{1}{2^{n+1}} (z + 1)^n \quad (|z + 1| < 2).$$

$$f(z) = g_1(z) + g_2(z) = -\sum_{n=0}^{\infty} \left(1 + \frac{1}{2^{n+1}}\right) (z + 1)^n \quad (|z + 1| < 1).$$

Die Aussage des Entwicklungssatzes 5.9, daß die Taylorentwicklung (5.16) innerhalb des größten Kreises um z_0 konvergiert, in dem $f(z)$ noch analytisch ist, führt zu einer wichtigen Schlußfolgerung. Sämtliche im Innern des Konvergenzkreises liegenden Punkte sind reguläre Punkte der durch die Potenzreihe dargestellten Funktion $f(z)$. Auf dem Rande des Konvergenzkreises liegt mindestens ein singulärer Punkt von $f(z)$, d. h. ein Punkt, der nicht mehr zum Regularitätsgebiet von $f(z)$ gehört.

Aus dem Cauchyschen Integralsatz und der Entwicklung einer holomorphen Funktion in eine Potenzreihe können wesentliche Folgerungen gezogen werden. Während aus dem Verhalten einer beliebigen komplexen Funktion in einem bestimmten Teil des Gebietes G der Zahlenebene im allgemeinen nicht auf das Verhalten der Funktion in anderen Teilen des Gebietes G geschlossen werden kann, weist die Klasse der holomorphen komplexen Funktionen eine starke innere Gebundenheit auf. Mit der Cauchyschen Integralformel war gezeigt worden, daß sämtliche Werte einer holomorphen Funktion im Innern einer geschlossenen Kurve $\mathfrak{C}$ bestimmt werden können, wenn man ihre Werte auf der Kurve kennt. Auf Grund des Entwicklungssatzes 5.9 kann dann gezeigt werden, daß eine in einem Gebiet G holomorphe Funktion $f(z)$ vollständig bestimmt ist, wenn man die Werte dieser Funktion auf einem beliebig kleinen in $\mathfrak{C}$ gelegenen Kurvenbogen Γ kennt. Neben dem Cauchyschen Integral stellt dies eine der wichtigsten Aussagen in der Theorie der holomorphen Funktionen dar. Stimmen also zwei holomorphe Funktionen in einer beliebig kleinen Umgebung eines Punktes überein, so sind sie identisch. Diese wichtige Eigenschaft soll nun näher untersucht werden.

Wie wir gesehen haben, kann die Darstellung einer holomorphen Funktion durch eine Potenzreihe mit dem Mittelpunkt z_0 nur innerhalb des Konvergenzkreises mit Radius r erfolgen. Der Konvergenzkreis K_0 wird dabei durch die zu z_0 nächstgelegene Singularität von $f(z)$ bestimmt, im Bild 5.3 sei dies die Stelle z_0'. In den meisten Fällen reicht jedoch der Regularitätsbereich (Holomorphiegebiet) über den Bereich des Konvergenzkreises hinaus. Wählen wir einen Punkt z_1 innerhalb von K_0, dann kann um z_1 innerhalb des neuen Konvergenzkreises K_1, der durch die nächstgelegene

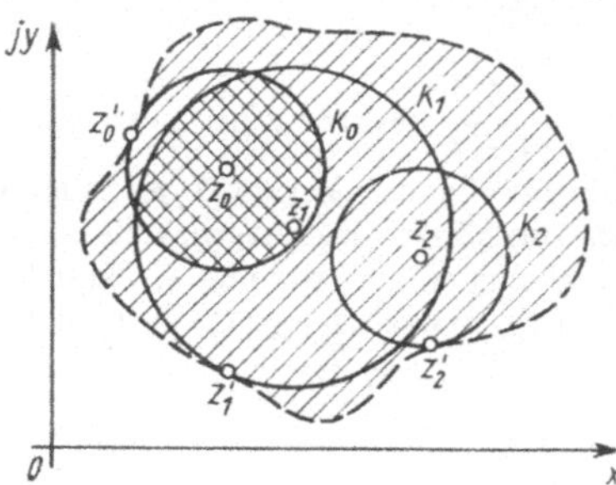

Bild 5.3. Analytische Fortsetzung

singuläre Stelle z_1' bestimmt wird, eine neue Entwicklung von $f(z)$ erfolgen. Der neue Konvergenzkreis K_1 kann dabei natürlich über den alten Konvergenzkreis K_0 hinausragen, er muß nur innerhalb des Regularitätsgebietes (Holomorphiegebiet) G liegen. Im Durchschnitt G' beider Konvergenzkreise müssen nun nach dem Entwicklungssatz beide Potenzreihen die gleiche Funktion $f(z)$ darstellen. Man sagt, die durch die Potenzreihe in K_1 dargestellte Funktion $f_1(z)$ ist die **analytische Fortsetzung** der durch die Potenzreihe in K_0 dargestellten Funktion $f_0(z)$. Wie in Bild 5.3 eingezeichnet, könnten wir uns diesen Vorgang noch fortgesetzt denken.

Unter Anwendung des Identitätssatzes kann man leicht zeigen, daß eine analytische Fortsetzung, wenn sie überhaupt möglich ist, nur auf eine einzige Weise erfolgen kann. Sind Funktionen durch Potenzreihen gegeben, dann kann eine analytische Fortsetzung, falls überhaupt möglich, durch Umbilden der Potenzreihe vorgenommen werden. Man wählt aus dem Konvergenzbereich der vorliegenden Potenzreihe $f(z)$ einen Punkt z_1 aus und bildet die Potenzreihe nach Potenzen von $(z - z_1)$ um. Aus dem Konvergenzbereich der so gewonnenen neuen Potenzreihe $f_1(z)$ wählt man wieder einen Punkt z_2 aus und bildet die Potenzreihe nach Potenzen von $(z - z_2)$ um. Die so gewonnenen Konvergenzbereiche (Kreise) können dabei über den Konvergenzbereich der vorhergehenden Potenzreihe hinausragen, so daß wir das in Bild 5.4 dargestellte „**Kreiskettenverfahren**" erhalten. Das Kreisketten-

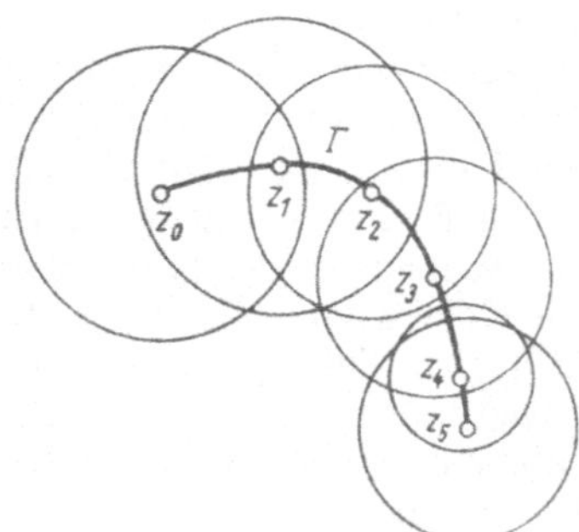

Bild 5.4. Kreiskettenverfahren

verfahren kann auch, falls möglich, längs eines vorgegebenen Kurvenstückes erfolgen. An einem Beispiel soll der Begriff der analytischen Fortsetzung vorgeführt werden.

Beispiel 5.2: Untersuchen Sie, ob die Funktion $f_0(z) = \sum\limits_{\nu=0}^{\infty} z^\nu$ analytisch fortgesetzt werden kann.

Lösung: $f_0(z)$ stellt die geometrische Reihe $\sum\limits_{\nu=0}^{\infty} z^\nu = \dfrac{1}{1-z}$, $|z| < 1$ dar. Damit kann $f_0(z) = \dfrac{1}{1-z}$

$(|z| < 1)$ geschrieben werden. Die Funktion $f(z) = \dfrac{1}{1-z}$ besitzt nur bei $z = 1$ eine Singularität

(d. h., mit Ausnahme von $z = 1$ ist die gesamte z-Ebene Regularitätsgebiet). $f(z)$ stimmt im Gebiet $|z| < 1$ mit $f_0(z)$ überein. Damit kann $f_0(z)$ über den zugehörigen Konvergenzkreis hinaus analytisch fortgesetzt werden. Für die neue Potenzreihenentwicklung wählen wir nun als Mittelpunkt z_1 mit $|z_1| < 1$ und bestimmen nach (5.17) die Koeffizienten c_ν, so daß nach (5.16) als neue Potenzreihe

$$f_1(z) = \sum_{\nu=0}^{\infty} \frac{1}{(1 - z_1)^{\nu+1}} (z - z_1)^\nu \tag{5.20}$$

folgt. Der Konvergenzradius dieser Reihe ist $r_1 = |1 - z_1|$. K_1 geht über den Konvergenzkreis K_0 der ersten Potenzreihe hinaus, wenn z_1 nicht zwischen 0 und 1 liegt (vgl. Bild 5.5).

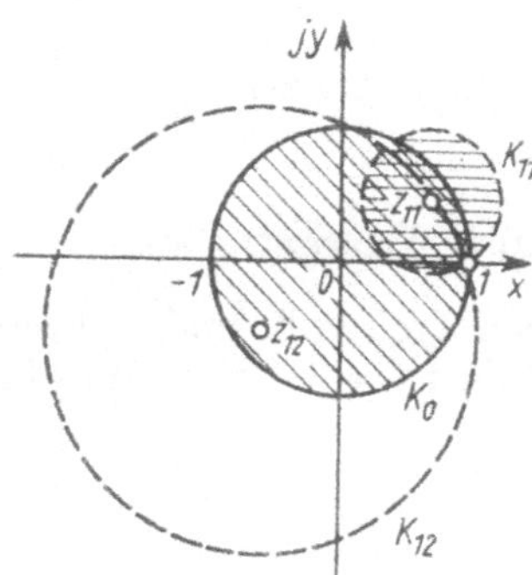

Bild 5.5. Analytische Fortsetzung

Eigentlich hätten wir im eben betrachteten Beispiel das Verfahren der analytischen Fortsetzung nicht anzuwenden brauchen, da wir ja für $\sum\limits_{v=0}^{\infty} z^v$ die Summe, nämlich $\dfrac{1}{1-z}$ kennen. Ist jedoch für eine Reihe ein solcher geschlossener Ausdruck nicht bekannt, dann kann eine analytische Fortsetzung durch Umordnen der vorliegenden Potenzreihe gewonnen werden.

Eine analytische Fortsetzung ist natürlich nur dann möglich, wenn ein Teil des Kreisbogens des Konvergenzkreises keine singulären Stellen enthält. Im Beispiel 5.2 lag auf dem Konvergenzkreis nur eine singuläre Stelle, nämlich $z = 1$.

Dagegen läßt sich die Potenzreihe $f(z) = \sum\limits_{n=0}^{\infty} z^{n!}$, die im Innern des Einheitskreises konvergiert, nicht analytisch fortsetzen, da jeder Randpunkt auf dem Einheitskreis singulärer Punkt von $f(z)$ ist. Der Einheitskreis ist ihre *natürliche Grenze*.

Wir hatten festgestellt, daß es für die eindeutige Definition einer holomorphen Funktion ausreicht, die Werte dieser Funktion auf einem beliebig kleinen Kurvenbogen zu kennen. Wir setzen nun voraus, daß $g(z)$ in einem Gebiet G auf einem beliebig kleinen Kurvenstück Γ gegeben ist. Dann existiert in G entweder gar keine Funktion $f(z)$, die in G holomorph ist, oder es gibt genau eine derartige Funktion $f(z)$, die auf Γ mit $g(z)$ übereinstimmt. Man sagt dann, die längs Γ definierte Funktion $g(z)$ wurde in das Gebiet G fortgesetzt. Nehmen wir an, daß Γ ein Teil der reellen Achse ist ($x_1 \leqq x \leqq x_2$) und $g(x)$ die Funktionswerte darstellt, die diesem Teil der reellen Achse entsprechen, dann liegt eine analytische Fortsetzung der Funktion $g(x)$ ins Komplexe vor. Falls überhaupt möglich, können also auch Funktionen einer reellen Veränderlichen x ins Komplexe analytisch nur auf eine einzige Art fortgesetzt werden. Beispiele dafür sind

$$e^x \to e^z, \quad \sin x \to \sin z, \quad \cos x \to \cos z.$$

Die in den Abschnitten 3.5.4. und 3.5.6. erfolgte rein formale Definition dieser Funktionen war also nicht nur sinnvoll wegen der analogen Rechnungen im Reellen und Komplexen, sondern sie sind die einzig möglichen Definitionen, wenn man die Differenzierbarkeit dieser Funktionen in der komplexen Zahlenebene verlangt.

* *Aufgabe 5.3:* Entwickeln Sie folgende Funktionen in Potenzreihen mit dem Mittelpunkt $z_0 = 0$. Geben Sie den Konvergenzradius an!

   a) $f(z) = \dfrac{1}{(1 + z)^n}$,   b) $f(z) = 2 \sin^2 z$.

* *Aufgabe 5.4:* Bilden Sie die analytische Fortsetzung für die im Beispiel 5.2 betrachtete Funktion für a) $z_1 = -\frac{1}{2}$, b) $z_1 = -j$.

5.4.   Entwicklung holomorpher Funktionen in Laurentreihen

Ein Ringgebiet G_1, das von zwei konzentrischen Kreisen K_1 und K_2 begrenzt wird, liege in einem zweifach zusammenhängenden Gebiet G (Bild 5.6). Für alle Punkte z

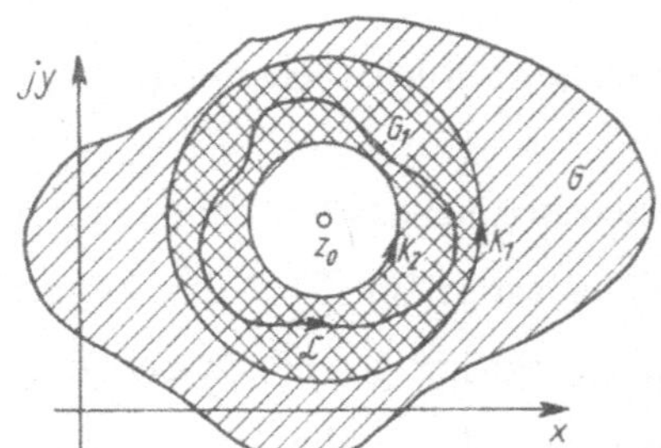

Bild 5.6. Ringgebiet in einem zweifach zusammenhängenden Gebiet

im Innern von G_1 gilt nach (4.23) unter der Voraussetzung, daß $f(z)$ im Ringgebiet G_1 einschließlich der Ränder holomorph ist,

$$f(z) = \frac{1}{2\pi j} \oint_{K_1} \frac{f(\zeta)\, d\zeta}{\zeta - z} - \frac{1}{2\pi j} \oint_{K_2} \frac{f(\zeta)\, d\zeta}{\zeta - z}. \tag{5.21}$$

Für das erste Integral führen wir folgende Umformung durch:

$$\frac{1}{\zeta - z} = \frac{1}{\zeta - z_0} \frac{1}{1 - \dfrac{z - z_0}{\zeta - z_0}}. \tag{5.22}$$

Da die Bedingung

$$q = \left| \frac{z - z_0}{\zeta - z_0} \right| < 1 \;\Rightarrow\; |z - z_0| < |\zeta - z_0|$$

immer erfüllt ist, wenn ζ sich auf K_1 bewegt, kann (5.22) als Summe einer innerhalb von K_1 gleichmäßig konvergenten geometrischen Reihe aufgefaßt und somit

$$\frac{1}{\zeta - z} = \sum_{\nu=0}^{\infty} \frac{(z - z_0)^\nu}{(\zeta - z_0)^{\nu+1}} \tag{5.23}$$

geschrieben werden. Im zweiten Integral ist ζ ein Punkt von K_2. Mit

$$q = \left| \frac{\zeta - z_0}{z - z_0} \right| < 1 \Rightarrow |\zeta - z_0| < |z - z_0|$$

erhält man die außerhalb von K_2 gleichmäßig konvergente Darstellung

$$\frac{1}{\zeta - z} = -\frac{1}{z - z_0} \frac{1}{1 - \dfrac{\zeta - z_0}{z - z_0}} = -\sum_{\nu=0}^{\infty} \frac{(\zeta - z_0)^\nu}{(z - z_0)^{\nu+1}}. \tag{5.24}$$

Setzen wir die Reihendarstellungen (5.23) und (5.24) in (5.21) ein, so erhalten wir

$$f(z) = \frac{1}{2\pi\,\mathrm{j}} \oint\limits_{K_1} \sum_{v=0}^{\infty} \frac{(z - z_0)^v f(\zeta)\,\mathrm{d}\zeta}{(\zeta - z_0)^{v+1}} + \frac{1}{2\pi\,\mathrm{j}} \oint\limits_{K_2} \sum_{v=0}^{\infty} \frac{(\zeta - z_0)^v f(\zeta)\,\mathrm{d}\zeta}{(z - z_0)^{v+1}} . \tag{5.25}$$

Durch Vertauschen von Summation und Integration folgt aus (5.25)

$$f(z) = \frac{1}{2\pi\,\mathrm{j}} \left\{ \sum_{v=0}^{\infty} (z - z_0)^v \oint\limits_{K_1} \frac{f(\zeta)\,\mathrm{d}\zeta}{(\zeta - z_0)^{v+1}} \right.$$

$$\left. + \sum_{v=0}^{\infty} \frac{1}{(z - z_0)^{v+1}} \oint\limits_{K_2} (\zeta - z_0)^v f(\zeta)\,\mathrm{d}\zeta \right\}. \tag{5.26}$$

Da $f(z)$ im Kreisringgebiet regulär ist, kann anstelle der Integrationswege K_1 und K_2 ein gemeinsamer Integrationsweg $\mathfrak{C}$ gewählt werden. In der zweiten Summe substituieren wir noch $-v = n + 1$ und erhalten

$$\sum_{v=0}^{\infty} \frac{1}{(z - z_0)^{v+1}} \oint\limits_{\mathfrak{C}} (\zeta - z_0)^v f(\zeta)\,\mathrm{d}\zeta = \sum_{n=-1}^{-\infty} (z - z_0)^n \oint\limits_{\mathfrak{C}} \frac{f(\zeta)\,\mathrm{d}\zeta}{(\zeta - z_0)^{n+1}} .$$

Durch Einsetzen in (5.26) und Zusammenfassung der beiden Summen ergibt sich

$$f(z) = \frac{1}{2\pi\,\mathrm{j}} \sum_{n=-\infty}^{\infty} (z - z_0)^n \oint\limits_{\mathfrak{C}} \frac{f(\zeta)\,\mathrm{d}\zeta}{(\zeta - z_0)^{n+1}} . \tag{5.27}$$

Daraus folgt die sog. **Laurentreihe**

$$f(z) = \sum_{n=-\infty}^{\infty} c_n (z - z_0)^n, \qquad c_n = \frac{1}{2\pi\,\mathrm{j}} \oint\limits_{\mathfrak{C}} \frac{f(\zeta)\,\mathrm{d}\zeta}{(\zeta - z_0)^{n+1}} , \tag{5.28}$$

die im Ringgebiet zwischen K_1 und K_2 gleichmäßig konvergiert und dort die holomorphe Funktion $f(z)$ darstellt. Die Laurentreihe besteht also formal aus zwei Potenzreihen, von denen

$$f_1(z) = \sum_{n=-\infty}^{-1} c_n (z - z_0)^n \quad \text{(Hauptteil der Laurentreihe)}$$

außerhalb des Kreises K_2 und

$$f_2(z) = \sum_{n=0}^{\infty} c_n (z - z_0)^n \quad \text{(regulärer Teil der Laurentreihe)}$$

innerhalb des Kreises K_1 gleichmäßig konvergiert. Es kann somit der Satz formuliert werden:

Satz 5.11: *Eine im Kreisringgebiet* $0 < r_2 < |z - z_0| < r_1$ *holomorphe Funktion* **S.5.11** *$f(z)$ gestattet die Entwicklung in eine gleichmäßig konvergente* **Laurentreihe**.

6*

Man erkennt leicht, daß die Laurentreihe für den Fall, daß $f(z)$ im gesamten Innengebiet von K_1 (äußerer Kreis), also auch im Punkt $z = z_0$, holomorph ist, in die für $|z - z_0| < r_1$ konvergierende Taylorreihe übergeht, da alle c_n mit negativem n gleich Null werden.

Beispiel 5.3: Geben Sie die Laurentreihe mit Mittelpunkt $z_0 = 2\mathrm{j}$ für $f(z) = \dfrac{3z}{z^2 + 4}$ an!

Lösung: Durch Umformung nach Potenzen von $(z - 2\mathrm{j})$ erhalten wir

$$f(z) = \frac{3z}{z^2 + 4} = \frac{3z}{(z + 2\mathrm{j})\,(z - 2\mathrm{j})} = \frac{3[(z - 2\mathrm{j}) + 2\mathrm{j}]}{(z - 2\mathrm{j})\,(z - 2\mathrm{j} + 4\mathrm{j})}$$

$$= \frac{3}{4\mathrm{j}}\,\frac{(z - 2\mathrm{j}) + 2\mathrm{j}}{z - 2\mathrm{j}}\,\frac{1}{1 - \dfrac{\mathrm{j}(z - 2\mathrm{j})}{4}}\,,$$

$$f(z) = \frac{3}{4\mathrm{j}}\left(1 + \frac{2\mathrm{j}}{z - 2\mathrm{j}}\right)\frac{1}{1 - \dfrac{\mathrm{j}(z - 2\mathrm{j})}{4}}\,.$$

Für

$$q = \left|\frac{\mathrm{j}(z - 2\mathrm{j})}{4}\right| < 1,$$

d. h., für alle Punkte z mit $|z - 2\mathrm{j}| < 4$ gilt die Reihenentwicklung (geometrische Reihe)

$$\frac{1}{1 - \dfrac{\mathrm{j}(z - 2\mathrm{j})}{4}} = 1 + \frac{\mathrm{j}}{4}\,(z - 2\mathrm{j}) - \frac{1}{16}\,(z - 2\mathrm{j})^2 - \frac{\mathrm{j}}{64}\,(z - 2\mathrm{j})^3 + \dots,$$

und damit folgt dann

$$f(z) = \frac{3}{4\mathrm{j}}\left[1 + \frac{2\mathrm{j}}{z - 2\mathrm{j}}\right]\left[1 + \frac{\mathrm{j}}{4}\,(z - 2\mathrm{j}) - \frac{1}{16}\,(z - 2\mathrm{j})^2 - \frac{\mathrm{j}}{64}\,(z - 2\mathrm{j})^3 + \dots\right],$$

$$f(z) = \frac{3}{4\mathrm{j}}\left[\frac{2\mathrm{j}}{z - 2\mathrm{j}} + \frac{1}{2} + \frac{\mathrm{j}}{8}\,(z - 2\mathrm{j}) - \frac{1}{32}\,(z - 2\mathrm{j})^2 - \frac{\mathrm{j}}{128}\,(z - 2\mathrm{j})^3 + \dots\right].$$

Wir haben an diesem Beispiel gesehen, daß die Laurentreihe für die gegebene Funktion allein durch geeignete Umformungen und Anwendung der geometrischen Reihe gewonnen werden konnte.

Beispiel 5.4: Geben Sie für die Funktion $f(z) = \dfrac{1}{(z - 1)\,(z - 3)}$, die im Ringgebiet $1 < |z| < 3$ holomorph ist, die Laurentreihe an.

Lösung: Durch Partialbruchzerlegung und einfache Umformungen erhalten wir

$$f(z) = \frac{1}{2}\left(-\frac{1}{z - 1} + \frac{1}{z - 3}\right) = \frac{1}{2}\left[\frac{-1}{z\left(1 - \dfrac{1}{z}\right)} - \frac{1}{3\left(1 - \dfrac{z}{3}\right)}\right].$$

Für $|z| > 1$ gilt

$$\frac{1}{z}\,\frac{1}{1 - \dfrac{1}{z}} = \frac{1}{z}\sum_{\nu=0}^{\infty}\frac{1}{z^\nu} = \sum_{\nu=1}^{\infty}\frac{1}{z^\nu}.$$

Für $|z| < 3$ gilt

$$\frac{1}{1 - \frac{z}{3}} = \sum_{\nu=0}^{\infty} \left(\frac{z}{3}\right)^{\nu}.$$

$$f(z) = \frac{1}{(z-1)(z-3)} = -\frac{1}{2}\left\{\sum_{n=1}^{\infty}\frac{1}{z^n} + \frac{1}{3}\sum_{n=0}^{\infty}\left(\frac{z}{3}\right)^n\right\}.$$

Um eine Laurententwicklung von $f(z)$ in einer Umgebung von $z = \infty$ durchführen zu können, führen wir die Substitution $\zeta = \frac{1}{z}$ durch und bilden die Laurententwicklung von $\psi(\zeta) = f\left(\frac{1}{z}\right)$ in einer Umgebung von $\zeta = 0$.

Aufgabe 5.5: Geben Sie die Laurententwicklung der Funktion $f(z) = \dfrac{1}{(z-a)(z-b)}$ für $*$
$0 < |a| < |z| < |b|$ nach Potenzen von z ($z_0 = 0$) an.

Aufgabe 5.6: Führen Sie die Laurententwicklungen um die Polstellen der Funktion $f(z) = \dfrac{z}{1+z^2}$ $*$
für $f(z)$ aus.

5.5. Isolierte singuläre Stellen und Residuum

5.5.1. Isolierte singuläre Stellen und Verhalten im Unendlichen

Wenn eine Funktion $f(z)$ in der Umgebung eines Punktes z_0 holomorph ist, in z_0 selbst aber nicht, so nennen wir z_0 eine *isolierte singuläre Stelle* der Funktion $f(z)$. In der Umgebung derartiger isolierter singulärer Stellen ist $f(z)$ dann in eine Laurentreihe entwickelbar. Durch diese Entwicklung ist eine Klassifizierung der isolierten Singularitäten möglich.

1. Die Laurentreihe (5.28) enthält keine Glieder mit negativen Potenzen von $(z - z_0)$. Damit folgt eine Potenzreihe für $f(z)$

$$f(z) = \sum_{\nu=0}^{\infty} c_{\nu}(z - z_0)^{\nu}, \qquad 0 < |z - z_0| < r. \tag{5.29}$$

Die Summe der Potenzreihe (5.29) ist eine in der Umgebung von z_0 und in z_0 selbst holomorphe Funktion, die für $z = z_0$ den Wert c_0 besitzt und für $z \neq z_0$ mit $f(z)$ identisch ist.

Gilt $f(z_0) = c_0$, dann ist $f(z)$ im gesamten Kreisgebiet $|z - z_0| < r$ holomorph. Anderenfalls kann durch Festlegung von $f(z_0) = c_0$ eine für $|z - z_0| < r$ holomorphe Funktion erzeugt werden. Bei $z = z_0$ liegt dann eine sog. **hebbare Singularität** von $f(z)$ vor.

2. Die Laurentreihe (5.28) enthält endlich viele Glieder mit negativen Potenzen von $(z - z_0)$. Sie lautet mit $c_{-m} \neq 0$ als erstem Koeffizienten

$$f(z) = \frac{c_{-m}}{(z - z_0)^m} + \ldots + \frac{c_{-1}}{z - z_0} + c_0 + c_1(z - z_0) + c_2(z - z_0)^2 + \ldots \tag{5.30}$$

In diesem Fall sagt man, die Funktion $f(z)$ besitzt an der Stelle $z = z_0$ einen **Pol m-ter Ordnung** (oder **m-fachen Pol**). Die Reihe konvergiert also in einem Kreisringgebiet um z_0.

3. Die Laurentreihe (5.28) besitzt unendlich viele Glieder mit negativen Potenzen von $(z - z_0)$. Bei $z = z_0$ liegt dann eine **wesentliche Singularität** der Funktion $f(z)$ vor.

Bei Annäherung an einen Pol wächst $|f(z)|$ über alle Grenzen, während bei Annäherung an eine wesentlich singuläre Stelle die Funktion $f(z)$ jeder beliebigen komplexen Zahl beliebig nahe kommt.

Ergänzend zu diesen Erörterungen sei bemerkt, daß die singulären Stellen einer Funktion keinesfalls isoliert liegen müssen. Zum Beispiel kann jeder Punkt einer Kurve ein singulärer Punkt einer Funktion sein. Eine solche Kurve bezeichnet man als singuläre Linie. Im Fall einer geschlossenen singulären Linie ist eine analytische Fortsetzung von $f(z)$ über diese *natürliche Grenze* hinaus nicht möglich. Man vergleiche dazu auch das bereits in 5.3. angegebene Beispiel $f(z) = \sum\limits_{n=0}^{\infty} z^{n!}$.

Ein nicht isolierter singulärer Punkt einer Funktion liegt z. B. an einem Häufungspunkt von Polen. vor, wie etwa an der Stelle $z = 0$ für $f(z) = 1/\sin(1/z)$. Nicht isolierte singuläre Stellen liegen auch an Verzweigungspunkten vor, wie z. B. bei $z = 0$ für $f(z) = \mathrm{Log}\, z$ und $\sqrt[n]{z}$.

Für die Klassifizierung isolierter singulärer Stellen einer Funktion $f(z)$ war ihre Laurent-Entwicklung zugrunde gelegt worden.

Beispiel 5.5: Bestimmen Sie die isolierten singulären Stellen von folgenden Funktionen:

$$\text{a)} \qquad f(z) = \frac{1 - \cosh z}{z}, \qquad \text{b)}\ f(z) = e^{\frac{1}{z}}.$$

Lösung: a) Für $\cosh z$ lautet die Potenzreihenentwicklung $\cosh z = \sum\limits_{v=0}^{\infty} \frac{z^{2v}}{(2v)!}$, so daß

$$f(z) = -\left(\frac{z}{2!} + \frac{z^3}{4!} + \frac{z^5}{6!} + \dots \right) = - \sum\limits_{v=0}^{\infty} \frac{z^{2v+1}}{(2v+2)!}$$

folgt. $f(z)$ besitzt an der Stelle $z_0 = 0$ eine hebbare isolierte singuläre Stelle. Setzt man also $f(0) = 0$, dann ist $f(z)$ für alle z holomorph.

b) Für e^z lautet die Reihenentwicklung $e^z = \sum\limits_{v=0}^{\infty} \frac{z^v}{v!}$. Damit ergibt sich $e^{\frac{1}{z}} = \sum\limits_{v=0}^{\infty} \frac{1}{v!\, z^v}$, d.h., bei $z = 0$ liegt eine wesentliche Singularität vor.

Wir hatten in 2.3. den Begriff des unendlich fernen Punktes eingeführt und verstehen unter der Umgebung des unendlich fernen Punktes den Teil der Vollebene, der sich außerhalb eines gewissen Kreises mit Radius R befindet, d. h. außerhalb eines Kreises $|z| > R$. Setzen wir voraus, daß $f(z)$ in der Umgebung des unendlich fernen Punktes $z = \infty$ holomorph ist, dann kann diese Umgebung als Kreisring um den Nullpunkt betrachtet werden. In diesem Kreisring ist eine Laurententwicklung möglich:

$$f(z) = \dots c_{-2} z^{-2} + c_{-1} z^{-1} + c_0 + c_1 z + c_2 z^2 + \dots .$$

Wir unterscheiden wieder drei Fälle:

1. Die Laurentreihe enthält keine Glieder mit positiven Potenzen von z, also

$$f(z) = \dots c_{-2} z^{-2} + c_{-1} z^{-1} + c_0.$$

In diesem Fall strebt $f(z)$ für $z \to \infty$ gegen c_0. Man sagt dann, $f(z)$ ist **im unendlich fernen Punkt holomorph**, und schreibt $f(\infty) = c_0$.

2. Die Laurentreihe enthält endlich viele Glieder mit positiven Potenzen von z

$$f(z) = \ldots c_{-2}z^{-2} + c_{-1}z^{-1} + c_0 + c_1 z + c_2 z^2 + \ldots + c_m z^m$$
$$= z^m(\ldots + c_{-2}z^{-2-m} + c_{-1}z^{-1-m} + c_0 z^{-m} + \ldots + c_{m-1}z^{-1} + c_m).$$

Daraus folgt $\lim_{z \to \infty} f(z) = \infty$.

In diesem Fall bezeichnen wir den unendlich fernen Punkt als Pol m-ter Ordnung von $f(z)$ und schreiben $f(\infty) = \infty$. $w = f(z)$ bildet in diesem Fall den unendlich fernen Punkt auf sich selbst ab.

3. Enthält die Laurentreihe unendlich viele Glieder mit positiven Potenzen von z, also

$$f(z) = \ldots c_{-1}z^{-1} + c_0 + c_1 z + c_2 z^2 + \ldots,$$

dann bezeichnen wir den unendlich fernen Punkt als **wesentlich singulären Punkt** der Funktion.

Die Funktion $w = f(z) = e^z = \sum_{\nu=0}^{\infty} \dfrac{1}{\nu!} z^\nu$ hat im Punkt $z = \infty$ eine wesentlich singuläre Stelle, da sie unendlich viele Glieder mit positiven Potenzen von z besitzt.

Für eine rationale Funktion, deren Zählerpolynom m-ten Grades und Nennerpolynom n-ten Grades keine gemeinsamen Nullstellen haben, gelten folgende Überlegungen:

Die Funktion

$$f(z) = \frac{\varphi_m(z)}{\psi_n(z)}$$

besitzt im Endlichen an den Nullstellen des Nenners singuläre Punkte. Für $z \to \infty$ unterscheiden wir zwei Fälle:

a) $m \le n$: In diesem Fall kann $f(z)$ in der Form

$$f(z) = a_0 + a_{-1}z^{-1} + a_{-2}z^{-2} + \ldots$$

wiedergegeben werden. Wir erhalten also einen endlichen Grenzwert

$$\lim_{z \to \infty} f(z) = a_0;$$

$f(z)$ ist somit im Endlichen holomorph.

b) $m > n$: Wir erhalten die Form

$$f(z) = a_{m-n}z^{m-n} + a_{m-n-1}z^{m-n-1} + \ldots + a_2 z^2 + a_1 z + a_0 + a_{-1}z^{-1} + \ldots$$
$$= z^{m-n}(a_{m-n} + a_{m-n-1}z^{-1} + \ldots).$$

Damit erhalten wir $\lim_{z \to \infty} f(z) = \infty$, es liegt also ein Pol $(m - n)$-ter Ordnung vor.

Allgemein entspricht dem Verhalten einer Funktion $f(z)$ für $z \to \infty$ das Verhalten der Funktion $f\left(\dfrac{1}{\zeta}\right) = \varphi(\zeta)$ für $\zeta \to 0$, wenn $z = \dfrac{1}{\zeta}$ gesetzt wird. Die Funktion $\varphi(\zeta)$ besitzt im Punkt $\zeta = 0$ die gleiche Singularität, die $f(z)$ im Punkt $z = \infty$ hat. Abschließend sei noch erklärt, was wir unter einer mehrfachen Nullstelle einer Funktion im Unendlichen verstehen. Eine m-fache Nullstelle einer Funktion $f(z)$ im Unendlichen liegt vor, wenn die entsprechende Funktion $\varphi(\zeta)$ für $\zeta \to 0$ eine m-fache Nullstelle besitzt.

5.5.2. Residuum

Es sei $f(z)$ in einer punktierten Umgebung U von z_0 holomorph und $\mathfrak{C}$ ein geschlossener doppelpunktfreier Weg in U, der z_0 im Innengebiet enthält; dann kann das Integral

$$I = \frac{1}{2\pi \mathrm{j}} \oint_{\mathfrak{C}} f(z) \, \mathrm{d}z \tag{5.31}$$

verschieden von null sein, und $f(z)$ läßt sich in eine Laurentreihe entwickeln, d. h., es gilt in U

$$f(z) = \sum_{n=-\infty}^{\infty} c_n (z - z_0)^n. \tag{5.32}$$

Es soll nun der Zusammenhang zwischen den Koeffizienten c_n und dem Integral I untersucht werden. Aus (5.31) und (5.32) folgt

$$I = \frac{1}{2\pi \mathrm{j}} \oint_{\mathfrak{C}} f(z) \, \mathrm{d}z = \frac{1}{2\pi \mathrm{j}} \oint_{\mathfrak{C}} \sum_{n=-\infty}^{\infty} c_n (z - z_0)^n \, \mathrm{d}z.$$

Durch gliedweise Integration ergibt sich

$$\frac{1}{2\pi \mathrm{j}} \oint_{\mathfrak{C}} f(z) \, \mathrm{d}z = \frac{1}{2\pi \mathrm{j}} \sum_{n=-\infty}^{\infty} c_n \oint_{\mathfrak{C}} (z - z_0)^n \, \mathrm{d}z.$$

Nach (4.14) ist das rechts stehende Integral für $n \neq -1$ gleich null und für $n = -1$ gleich $2\pi \mathrm{j}$, so daß wir

$$\frac{1}{2\pi \mathrm{j}} \oint_{\mathfrak{C}} f(z) \, \mathrm{d}z = \frac{1}{2\pi \mathrm{j}} \, c_{-1} \cdot 2\pi \mathrm{j} = c_{-1} \tag{5.33}$$

erhalten. Wir nennen den Wert dieses Integrals das zur Stelle $z = z_0$ gehörige **Residuum** der Funktion $f(z)$ und schreiben

$$\operatorname{Res} f(z)\big|_{z=z_0} = c_{-1} = \frac{1}{2\pi \mathrm{j}} \oint_{\mathfrak{C}} f(z) \, \mathrm{d}z. \tag{5.34}$$

Beispiel 5.6: Bestimmen Sie die Laurententwicklung und das Residuum der Funktion $f(z) = \dfrac{1}{\sin z}$ für $z_0 = 0$.

Lösung: Es gilt $\sin z = z - \dfrac{z^3}{3!} + \dfrac{z^5}{5!} - \dots$. Da $\sin z$ für $z = 0$ nur eine einfache Nullstelle besitzt, können wir den Ansatz formulieren

$$\frac{1}{z - \dfrac{z^3}{3!} + \dfrac{z^5}{5!} - \dots} = \frac{c_{-1}}{z} + c_0 + c_1 z + c_2 z^2 + \dots .$$

Aus

$$1 = \left(z - \frac{z^3}{3!} + \frac{z^5}{5!} - \dots\right)\left(\frac{c_{-1}}{z} + c_0 + c_1 z + c_2 z^2 + \dots\right)$$

folgt durch Koeffizientenvergleich:

$$z^0: \qquad 1 = c_{-1}, \qquad\qquad c_{-1} = 1,$$

$$z^1: \qquad 0 = c_0, \qquad\qquad c_0 = 0,$$

$$z^2: \qquad 0 = -\frac{1}{3!} + c_1, \qquad\qquad c_1 = \frac{1}{3!},$$

$$z^3: \qquad 0 = c_2, \qquad\qquad c_2 = 0,$$

$$z^4: \qquad 0 = \frac{1}{5!} - \frac{c_1}{3!} + c_3, \qquad\qquad c_3 = \frac{1}{(3!)^2} - \frac{1}{5!},$$

$$z^5: \qquad 0 = c_4, \qquad\qquad c_4 = 0,$$

$$f(z) = \frac{1}{\sin z} = \frac{1}{z} + \frac{1}{3!}\, z + \left(\frac{1}{(3!)^2} - \frac{1}{5!}\right) z^3 + \dots,$$

$$\operatorname{Res}\frac{1}{\sin z}\bigg|_{z_0 = 0} = c_{-1} = 1.$$

Mit Hilfe des Residuums kann nach 5.34 der Wert eines Integrals über einen geschlossenen Weg, der einen isolierten singulären Punkt umschließt, berechnet werden. Liegt die Aufgabe vor, den Wert eines Integrals über einen geschlossenen Weg zu berechnen, in dessen Innengebiet mehrere singuläre Punkte liegen (Bild 5.7),

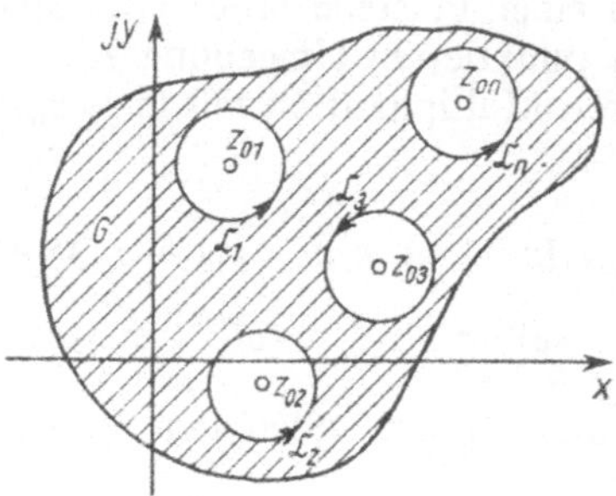

Bild 5.7. Singuläre Punkte

dann kann Satz 4.9, (4.15) angewandt werden, so daß sich formulieren läßt

S.5.12 Satz 5.12 (Residuensatz): *Es sei f(z) im Innengebiet des doppelpunktfreien geschlossenen und positiv orientierten Weges $\mathfrak{C}$ und auf $\mathfrak{C}$ selbst mit Ausnahme von endlich vielen im Innengebiet von $\mathfrak{C}$ gelegenen isolierten singulären Stellen $z_1, z_2, \ldots, z_n$ holomorph. Dann gilt*

$$\oint_{\mathfrak{C}} f(z)\, dz = 2\pi j \sum_{\nu=1}^{n} \operatorname{Res} f(z)\big|_{z=z_\nu}. \tag{5.35}$$

Beispiel 5.7: Berechnen Sie $\displaystyle\oint_{\mathfrak{C}} \frac{z^2 + 1}{z(z^2 - 1)}$ längs des im Bild 5.8 skizzierten Weges $\mathfrak{C}$!

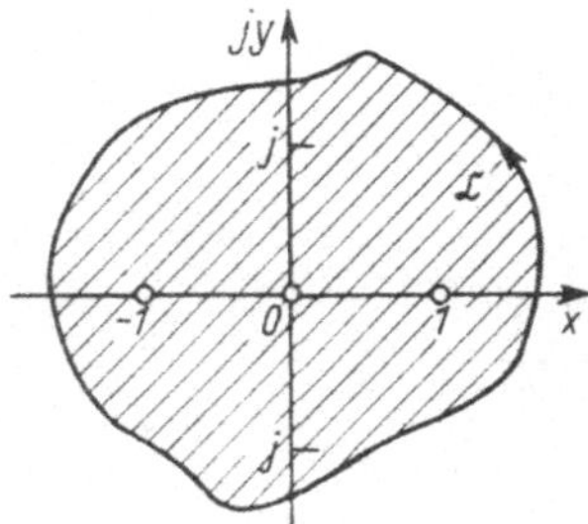

Bild 5.8. Gebiet in der z-Ebene

Lösung: Partialbruchzerlegung

$$\frac{z^2 + 1}{z(z^2 - 1)} = \frac{z^2 + 1}{z(z - 1)(z + 1)} = \frac{-1}{z} + \frac{1}{z - 1} + \frac{1}{z + 1}.$$

Alle drei Pole werden von $\mathfrak{C}$ umschlossen, also gilt

$$\oint \frac{(z^2 + 1)\, dz}{z(z^2 - 1)} = 2\pi j\, [\operatorname{Res} f(z)\big|_{z_1=0} + \operatorname{Res} f(z)\big|_{z_2=1} + \operatorname{Res} f(z)\big|_{z_3=-1}]$$

$$= 2\pi j(-1 + 1 + 1) = 2\pi j.$$

Für die Berechnung des Residuums an einer Polstelle m-ter Ordnung soll eine einfache Regel hergeleitet werden. In einer punktierten Umgebung von z_0 gilt dann die Gleichung (5.30), und daraus folgt durch Multiplikation mit $(z - z_0)^m$ die in z_0 holomorphe Funktion

$$g(z) = (z - z_0)^m f(z) = c_{-m} + c_{-m+1}(z - z_0) + c_{-m+2}(z - z_0)^2 + \ldots$$

$$+ c_{-1}(z - z_0)^{m-1} + c_0(z - z_0)^m + c_1(z - z_0)^{m+1} + \ldots. \tag{5.36}$$

Den gesuchten Koeffizienten c_{-1} erhält man durch Bilden der $(m - 1)$-ten Ableitung von (5.36) und Grenzübergang $z \to z_0$.

Für einen Pol m-ter Ordnung gilt somit

$$c_{-1} = \operatorname{Res} f(z)|_{z=z_0} = \frac{1}{(m-1)!} \lim_{z \to z_0} [(z - z_0)^m f(z)]^{(m-1)}. \tag{5.37}$$

Für Polstellen erster Ordnung ergibt sich daraus

$$\operatorname{Res} f(z)|_{z=z_0} = \lim_{z \to z_0} [(z - z_0) f(z)]. \tag{5.38}$$

Beispiel 5.8: Man berechne $I = \oint\limits_{\mathfrak{C}} \frac{(z^4 - 1)\,dz}{z^3(z^2 + z + 1)}$ längs $\mathfrak{C}$: $z(t) = 2e^{\mathrm{j}t}$ $(0 \le t \le 2\pi)$.

Lösung: Isolierte singuläre Stellen liegen bei $z_1 = 0$, $z_{2,3} = \frac{1}{2}(-1 \pm \sqrt{3}\,\mathrm{j})$ innerhalb von $\mathfrak{C}$. Um das Residuum an der Stelle $z_1 = 0$ (Pol 3. Ordnung) zu bestimmen, wenden wir (5.37) an.

$$\begin{aligned}
\operatorname{Res} f(z)|_{z=z_1} &= \frac{1}{2!} \lim_{z \to 0} \left[\frac{z^4 - 1}{z^2 + z + 1} \right]'' \\
&= \frac{1}{2!} \lim_{z \to 0} \left[z^2 - z + \frac{z - 1}{z^2 + z + 1} \right]'' = 0.
\end{aligned}$$

An der Stelle $z_2 = \frac{1}{2}(-1 + \sqrt{3}\mathrm{j})$ folgt nach (5.38) für das Residuum:

$$\operatorname{Res} f(z)|_{z=z_2} = \lim_{z \to z_2} \frac{(z - z_2)(z^4 - 1)}{z^3(z - z_2)(z - z_3)} = \frac{1}{2}(1 + \sqrt{3}\mathrm{j}).$$

Für die Stelle $z = z_3$ erhalten wir analog

$$\operatorname{Res} f(z)|_{z=z_3} = \frac{1}{2}(1 - \sqrt{3}\mathrm{j}).$$

Nach (5.35) folgt also

$$I = 2\pi\,\mathrm{j} \left(0 + \frac{1}{2}(1 + \sqrt{3}\mathrm{j} + 1 - \sqrt{3}\mathrm{j}) \right) = 2\pi\,\mathrm{j}.$$

Neben dem in (5.34) definierten Residuum wird noch das sog. **logarithmische Residuum** erklärt. Wir verstehen darunter den folgenden Ausdruck und schreiben

$$\frac{1}{2\pi\mathrm{j}} \oint\limits_{\mathfrak{C}} \frac{f'(z)}{f(z)}\,dz = \operatorname{Log} \operatorname{Res} f(z)|_{z=z_0}. \tag{5.39}$$

$f(z)$ sei eine holomorphe Funktion mit den im Satz 5.12 genannten Eigenschaften. Zusätzlich werde vorausgesetzt, daß $f(z)$ auf $\mathfrak{C}$ nicht verschwindet.

Im Fall eines Poles m-ter Ordnung an der Stelle $z = z_0$ entwickeln wir $f(z)$ in eine Laurentreihe um $z = z_0$.

Mit

$$f(z) = \sum_{v=-m}^{\infty} c_v(z - z_0)^v \qquad (m = 1, 2, 3, \ldots),$$

$$f'(z) = \sum_{v=-m}^{\infty} v c_v(z - z_0)^{v-1}$$

folgt für den Integranden in (5.39)

$$\frac{f'(z)}{f(z)} = \frac{-m}{z - z_0} + A_0 + A_1(z - z_0) + A_2(z - z_0)^2 + \dots.$$

Das Residuum von $f'(z)/f(z)$ ist gleich $-m$. Wegen

$$\frac{\mathrm{d}}{\mathrm{d}z}\,\mathrm{Log}\,f(z) = \frac{f'(z)}{f(z)}$$

bezeichnet man das Integral

$$\frac{1}{2\pi\mathrm{j}}\int\limits_{\mathfrak{C}} \frac{f'(z)}{f(z)}\,\mathrm{d}z = \mathrm{Log}\,\mathrm{Res}\,f(z)|_{z=z_0} = -m,$$

das die Vielfachheit m des Poles an der Stelle $z = z_0$ angibt, als logarithmisches Residuum der Funktion $f(z)$.

Besitzt $f(z)$ in $z = z_0$ eine m-fache Nullstelle, dann können wir ansetzen

$$f(z) = \sum_{v=m}^{\infty} c_v(z - z_0)^v,$$

$$f'(z) = \sum_{v=m}^{\infty} vc_v(z - z_0)^{v-1},$$

$$\frac{f'(z)}{f(z)} = \frac{mc_m(z - z_0)^{m-1} + (m + 1)\,c_{m+1}(z - z_0)^m + (m + 2)\,c_{m+2}(z - z_0)^{m+1} + \dots}{c_m(z - z_0)^m + c_{m+1}(z - z_0)^{m+1} + c_{m+2}(z - z_0)^{m+2} + \dots}$$

$$= \frac{m}{z - z_0} + B_0 + B_1(z - z_0) + B_2(z - z_0)^2 + \dots.$$

Also folgt

$$\mathrm{Res}\,\frac{f'(z)}{f(z)}\bigg|_{z=z_0} = \mathrm{Log}\,\mathrm{Res}\,f(z)|_{z=z_0} = m.$$

Zusammenfassend können wir also feststellen: Bezeichnen wir (5.39) als logarithmisches Residuum einer Funktion $f(z)$ an der Stelle $z = z_0$, dann gibt Log Res $f(z)|_{z=z_0}$ an der Stelle $z = z_0$ den Grad der Vielfachheit des Pols an, falls Log Res $f(z)|_{z=z_0} < 0$ und den Grad der Vielfachheit der Nullstelle, falls Log Res $f(z)|_{z=z_0} > 0$ ist. Umschließt $\mathfrak{C}$ p verschiedene Nullstellen und Pole der Funktion $f(z)$, dann ergibt das Integral (5.39) die Summe der logarithmischen Residuen an den Nullstellen und Polen der Funktion $f(z)$, also

$$\frac{1}{2\pi\mathrm{j}}\oint\limits_{\mathfrak{C}} \frac{f'(z)}{f(z)}\,\mathrm{d}z = \sum_{v=1}^{p} \mathrm{Log}\,\mathrm{Res}\,f(z)|_{z=z_v} = N - P. \tag{5.40}$$

Dabei ist N gleich der Anzahl der Nullstellen und P gleich der Anzahl der Pole, die von $\mathfrak{C}$ umfaßt werden. Die Nullstellen und Pole sind dabei so oft zu zählen, wie ihre Ordnung vorgibt.

Für Stabilitätsuntersuchungen bei mechanischen und elektrischen Systemen ist es außerordentlich wichtig, die Lage der Nullstellen einer gebrochen rationalen Funktion oder eines Polynoms zu kennen. Hier kann nicht näher auf diese Problematik eingegangen werden; es sei u. a. auf Band 10 und [12] verwiesen.

Beispiel 5.9: Man beweise, jedes Polynom vom **Grade** n hat n Nullstellen (Fundamentalsatz der Algebra).

Lösung: Fassen wir $P(z) = \sum\limits_{\nu=0}^{n} a_\nu z^\nu$, $(a_n \neq 0,\ n \geq 1)$ als Laurententwicklung um $z = \infty$ auf, dann ist der unendlich ferne Punkt ein Pol n-ter Ordnung für das Polynom $P(z)$, es gilt also

$$\lim_{z \to \infty} |P(z)| = \infty.$$

Es muß somit einen Kreis $\mathfrak{C}: |z| = R$ geben, so daß $P(z)$ außerhalb dieses Kreises keine Nullstelle mehr besitzt. Es gilt weiter

$$\frac{P'(z)}{P(z)} = \frac{\sum\limits_{\nu=1}^{n} \nu a_\nu z^{\nu-1}}{\sum\limits_{\nu=0}^{n} a_\nu z^\nu} = \frac{n}{z}\left(1 + \frac{b_1}{z} + \frac{b_2}{z^2} + \dots\right) \Rightarrow c_{-1} = n.$$

Nach (5.40) ist damit die Summe der logarithmischen Residuen an den Nullstellen und Polen der Funktion $f(z)$ gleich n. Nach den getroffenen Voraussetzungen ist dies aber im vorliegenden Fall gleich der Anzahl der Nullstellen des Polynoms $P(z)$. Damit ist der Fundamentalsatz der Algebra bewiesen.

Abschließend soll noch das Residuum der Funktion $f(z)$ für den unendlich fernen Punkt $z = \infty$, den wir als isolierte singuläre Stelle der Funktion $f(z)$ annehmen, betrachtet werden.

Definition 5.5: *Die Funktion $f(z)$ sei in einer Umgebung des Punktes $z = \infty$, eventuell mit Ausnahme dieses Punktes selbst, holomorph. $\mathfrak{C}^-$ sei ein in der Umgebung von $z = \infty$ liegender Kreis $|z| = r$, der im Uhrzeigersinn zu durchlaufen ist, so daß die Umgebung von $z = \infty$ zur Linken liegt. Dann bezeichnen wir mit*   **D.5.5**

$$\operatorname{Res} f(\infty) = \frac{1}{2\pi j} \oint_{\mathfrak{C}^-} f(z)\, \mathrm{d}z$$

das **Residuum im Unendlichen.**

Aus der Definition folgt, daß das Residuum von $f(\infty)$ gleich dem mit -1 multiplizierten Koeffizienten von z^{-1} in der Laurententwicklung um $z = \infty$ ist.

Liegen im Innern von $\mathfrak{C}: |z| = r$ endlich viele Singularitäten $z_1, z_2, \dots, z_n$, dann folgt aus dem Residuensatz und der Definition des Residuums im Unendlichen:

$$\frac{1}{2\pi j} \oint_{\mathfrak{C}} f(z)\, \mathrm{d}z + \frac{1}{2\pi j} \oint_{\mathfrak{C}^-} f(z)\, \mathrm{d}z$$

$$= \operatorname{Res} f(z)\big|_{z_1} + \operatorname{Res} f(z)\big|_{z_2} + \dots + \operatorname{Res} f(z)\big|_{z_n} + \operatorname{Res} f(\infty) = 0.$$

Es gilt also der

Satz 5.13: *Ist die Funktion $f(z)$ in der z-Vollebene mit Ausnahme endlich vieler singulärer Stellen holomorph, so ist die Summe der Residuen, einschließlich des Residuums im Unendlichen, gleich null.*   **S.5.13**

Aufgabe 5.7: Bestimmen Sie die Residuen der in den Aufgaben 5.5 und 5.6 betrachteten Funktionen $f(z)$ an den Stellen z_0, für die die Laurententwicklung durchgeführt wurde.   *

Aufgabe 5.8: Bestimmen Sie die Residuen der folgenden Funktionen an den angegebenen Stellen: *

a) $f(z) = e^{1/z}$, $z_0 = 0$, b) $f(z) = \tan z$, $z_0 = \dfrac{\pi}{2} + k\pi$ (k ganz).

Aufgabe 5.9: Berechnen Sie $\displaystyle\oint_{\mathfrak{C}} \frac{\mathrm{d}z}{\cos z - 1}$ für folgende Integrationswege: a) $z(t) = e^{jt}$, $0 \leq t \leq 2\pi$,   *

b) $z(t) = 2j + e^{jt}$, $0 \leq t \leq 2\pi$.

5.6.   Berechnung reeller Integrale mit Hilfe der Integration im Komplexen

Der Cauchysche Integralsatz und der Residuensatz sind Grundlage vieler Anwendungen der Theorie der analytischen Funktionen. Als Beispiel soll in diesem Abschnitt die Berechnung bestimmter reeller Integrale behandelt werden.

5.6.1.   Integrale der Form $\int\limits_0^{2\pi} R(\cos t, \sin t)\, dt$

$R(\cos t, \sin t)$ sei eine in $0 \leqq t \leqq 2\pi$ stetige rationale Funktion. Substituieren wir

$$e^{jt} = z(t) \Rightarrow z'(t) = j\, e^{jt} = j\, z(t) \tag{5.41}$$

und beachten (3.57) und (3.58), dann erhalten wir

$$\cos t = \frac{1}{2}\left(z + \frac{1}{z}\right) \quad \text{und} \quad \sin t = \frac{1}{2j}\left(z - \frac{1}{z}\right), \tag{5.42}$$

und für das zu betrachtende Integral I folgt

$$I = \int\limits_0^{2\pi} R(\cos t, \sin t)\, dt = \int\limits_0^{2\pi} R\left[\frac{1}{2}\left(z + \frac{1}{z}\right), \frac{1}{2j}\left(z - \frac{1}{z}\right)\right]\left(-\frac{j}{z}\right) z'(t)\, dt.$$

Nach (4.3) kann für das letzte Integral $I = \oint\limits_{\mathbb{C}} R^*(z)\, dz$ geschrieben werden, da

$z = e^{jt}$ als Integrationsweg den Einheitskreis und $R^*(z)$ eine rationale komplexe Funktion von z darstellt. Da für $R(t)$ Stetigkeit in $0 \leqq t \leqq 2\pi$ vorausgesetzt war, besitzt $R^*(z)$ auf dem Einheitskreis keine Pole. Mit (5.35) folgt dann

$$I = 2\pi j \sum_{\nu=1}^{n} \operatorname{Res} R^*(z)\big|_{z=z_\nu}. \tag{5.43}$$

Beispiel 5.10: Berechnen Sie

$$I = \int\limits_0^{2\pi} \frac{dt}{2 - \cos t + \sin t}.$$

Lösung: Mit (5.41) und (5.42) ergibt sich

$$I = \oint \frac{-\dfrac{j}{z}\, dz}{2 - \dfrac{1}{2}\left(z + \dfrac{1}{z}\right) + \dfrac{1}{2j}\left(z - \dfrac{1}{z}\right)} = \oint \frac{-2j\, dz}{(-1-j)\, z^2 + 4z - 1 + j} = \oint R^*(z)\, dz.$$

Pole von $R^*(z)$: $z_{1,2} = \frac{1}{2}(-2 \pm \sqrt{2})(-1 + j)$. Von den beiden Polen liegt nur einer im Innengebiet des Einheitskreises, denn es gilt

$$|z_1| = \tfrac{1}{2}\left|(-2 + \sqrt{2})(-1 + j)\right| < 1,$$
$$|z_2| = \tfrac{1}{2}\left|(-2 - \sqrt{2})(-1 + j)\right| > 1.$$

Nach (5.38) erhalten wir

$$\operatorname{Res} R^*(z)\big|_{z=z_1} = \lim_{z \to z_1} \left[(z - z_1)\, R^*(z)\right] = -\tfrac{1}{2}\sqrt{2}\, j$$

und mit (5.35) folgt

$$I = 2\pi j \cdot \left(-\frac{1}{2}\sqrt{2}\, j\right) = \pi \sqrt{2}.$$

5.6.2. Uneigentliche Integrale der Form $\int\limits_{-\infty}^{\infty} f(x)\,\mathrm{d}x$

Die Funktion $f(z)$ sei eine in der oberen Halbebene (reelle Achse eingeschlossen) bis auf endlich viele Punkte z_1, z_2, ..., z_n holomorphe Funktion. Wenn $\mathfrak{C}$ den im Bild 5.9 eingezeichneten geschlossenen Weg $\mathfrak{C} = \mathfrak{C}_1 + \mathfrak{C}_2$ darstellt und die Punkte

Bild 5.9. Geschlossener Weg in der z-Ebene

z_1, z_2, ..., z_n alle im Innengebiet des Weges $\mathfrak{C}$ liegen, dann gilt nach dem Residuensatz

$$I = \oint\limits_{\mathfrak{C}} f(z)\,\mathrm{d}z = \int\limits_{\mathfrak{C}_1} f(z)\,\mathrm{d}z + \int\limits_{\mathfrak{C}_2} f(z)\,\mathrm{d}z = 2\pi\,\mathrm{j} \sum_{\nu=1}^{n} \operatorname{Res} f(z)|_{z=z_\nu}.$$

Da auf $\mathfrak{C}_1$ $f(z) = f(x)$ gilt, kann geschrieben werden

$$I = \int\limits_{-R}^{R} f(x)\,\mathrm{d}x + \int\limits_{\mathfrak{C}_2} f(z)\,\mathrm{d}z \doteq 2\pi\,\mathrm{j} \sum_{\nu=1}^{n} \operatorname{Res} f(z)|_{z=z_\nu}. \tag{5.44}$$

Zur Abschätzung des Integrals $\int\limits_{\mathfrak{C}_2} f(z)\,\mathrm{d}z$ können je nach Beschaffenheit des Integranden geeignete Hilfssätze herangezogen werden.

Zum Beispiel lautet das

Lemma von Jordan: *Strebt $F(z)$ in der oberen Halbebene und auf der reellen Achse für $z \to \infty$ gleichmäßig gegen null und ist m eine positive Zahl, so gilt für $R \to \infty$*

$$\int\limits_{K} F(z)\,\mathrm{e}^{\mathrm{j}mz}\,\mathrm{d}z = 0.$$

Dabei ist K der in der oberen Halbebene gelegene Halbkreis um den Nullpunkt mit dem Radius R.

Unter der Voraussetzung, daß der unendlich ferne Punkt eine mindestens zweifache Nullstelle von $f(z)$ ist, kann eine weitere Abschätzungsmöglichkeit bereitgestellt werden.

Für die Laurententwicklung $f(z) = \dfrac{c_{-2}}{z^2} + \dfrac{c_{-3}}{z^3} + \dots$ gilt dann die Abschätzung

$$|f(z)| \leqq \frac{|c_{-2}|}{R^2} + \frac{|c_{-3}|}{R^3} + \dots = \frac{|c_{-2}|}{R^2} + \frac{1}{R^2}\left(\frac{|c_{-3}|}{R} + \frac{|c_{-4}|}{R^2} + \dots \right).$$

Für hinreichend große R gilt

$$\left(\frac{|c_{-3}|}{R} + \frac{|c_{-4}|}{R^2} + \dots\right) < \varepsilon,$$

und wir erhalten

$$|f(z)| < \frac{|c_{-2}| + \varepsilon}{R^2}.$$

Satz 4.5 gestattet die Abschätzung

$$\left|\int_{\mathfrak{L}_2} f(z)\,\mathrm{d}z\right| < \frac{|c_{-2}| + \varepsilon}{R^2}\,\pi\,R = \pi\,\frac{|c_{-2}| + \varepsilon}{R},$$

und damit gilt

$$\lim_{R \to \infty} \int_{\mathfrak{C}_2} f(z)\,\mathrm{d}z = 0.$$

Aus (5.43) gewinnen wir damit eine für die Berechnung des uneigentlichen reellen Integrals geeignete Formel

$$\int_{-\infty}^{\infty} f(x)\,\mathrm{d}x = 2\pi\,\mathrm{j} \sum_{\nu=1}^{n} \operatorname{Res} f(z)\big|_{z=z_\nu}, \tag{5.45}$$

falls das auf der linken Seite stehende Integral nicht nur als Cauchyscher Hauptwert existiert (vgl. Bd. 2, 11.1.2.).

Ist $f(x)$ eine rationale Funktion der reellen Veränderlichen x, dann sind die gemachten Voraussetzungen für $f(z)$ insbesondere dann erfüllt, wenn der Grad des Nennerpolynoms in $f(x)$ um mindestens 2 größer als der Grad des Zählerpolynoms ist.

Beispiel 5.11: Bestimmen Sie $\displaystyle\int_{-\infty}^{\infty} \frac{\mathrm{d}x}{1 + x^2}$.

Lösung: $f(z) = \dfrac{1}{1 + z^2}$ ist in der oberen Halbebene überall außer im einfachen Pol $z_0 = \mathrm{j}$

holomorph. Nach (5.38) gilt dann

$$\operatorname{Res}\frac{1}{1 + z^2}\bigg|_{z=\mathrm{j}} = \lim_{z \to \mathrm{j}}\left[(z - \mathrm{j})\frac{1}{1 + z^2}\right] = \lim_{z \to \mathrm{j}}\left(\frac{1}{z + \mathrm{j}}\right) = \frac{1}{2\mathrm{j}}.$$

Mit (5.45) erhalten wir somit für das reelle Integral

$$\int_{-\infty}^{\infty} \frac{1}{1 + x^2}\,\mathrm{d}x = 2\pi\,\mathrm{j}\,\frac{1}{2\mathrm{j}} = \pi.$$

Auch für den Fall, daß endlich viele isolierte singuläre Punkte auf der reellen Achse liegen, kann die eben betrachtete Methode zur Berechnung reeller Integrale angewandt werden. Man weicht dann, wie im Bild 5.10 eingezeichnet, diesen isolierten singulären Punkten auf der reellen Achse auf kleinen in der oberen Halbebene

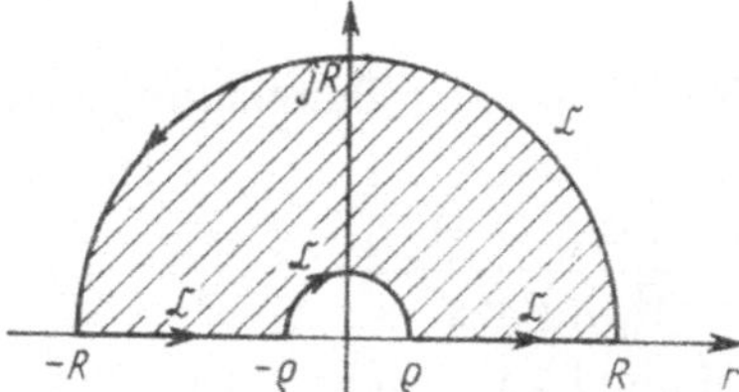

Bild 5.10. Veranschaulichung des Integrationsweges bei einem sog. Hakenintegral

gelegenen Halbkreisbogen vom Radius ϱ aus und führt anschließend den Grenzübergang $\varrho \to 0$ und $R \to \infty$ durch. Derartige Integrale, die vor allem in der Operatorrechnung eine Rolle spielen, nennt man **Hakenintegrale**. Wir wollen hier nicht näher darauf eingehen und verweisen z. B. auf [13], Teil II.

Aufgabe 5.10: Berechnen Sie folgende Integrale mit Methoden der Funktionentheorie:

$$\text{a)} \int_{0}^{2\pi} \frac{dt}{5 + 4\cos t}, \quad \text{b)} \int_{-\infty}^{\infty} \frac{1}{(1 + x^2)^3}\, dx.$$

5.7. Einteilung der Funktionen

Die holomorphen Funktionen teilt man nach ihren Singularitäten in Klassen ein. Eine in der gesamten endlichen z-Ebene holomorphe Funktion heißt **ganze Funktion**.

Treten in der Potenzreihenentwicklung für die Funktion $f(z)$ nur endlich viele Glieder auf, dann spricht man von einem **Polynom** oder einer **ganzen rationalen Funktion**; beim Vorhandensein unendlich vieler Glieder in der Potenzreihenentwicklung für $f(z)$ liegt eine **ganze transzendente Funktion** vor (z. B. $f(z) = e^z$).

Eine ganze rationale Funktion besitzt als einzigen singulären Punkt einen Pol ($z = \infty$), während eine ganze transzendente Funktion eine einzige Singularität, nämlich eine wesentlich singuläre Stelle, im unendlich fernen Punkt hat.

Die Klasse der **meromorphen Funktionen** umfaßt die Klasse der ganzen Funktionen. Eine meromorphe Funktion besitzt im Endlichen nur Pole als Singularitäten.

Beispiele für meromorphe Funktionen sind $f(z) = \dfrac{1}{1 - e^z}$, $g(z) = \tan z$ u. a.

Von einer **rationalen Funktion** spricht man, wenn $f(z)$ in der durch $z = \infty$ abgeschlossenen z-Ebene nur endlich viele Pole besitzt.

6. Beispiele zu konformen Abbildungen

In der Übertragungstechnik treten beispielsweise bei der Betrachtung von Vierpolen (Bild 6.1) Gleichungen der Form

$$W_1 = W_{1l} - \frac{M^2}{W_{2l} + Z_2} = W_{1l} - \frac{W_{2l}(W_{1l} - W_{1k})}{W_{2l} + Z_2} \tag{6.1}$$

auf, wobei W_{1l}, W_{2l}, W_{1k} und M konstante komplexe Größen eines Vierpols und Z_2 und W_1 veränderliche komplexe Größen sind. Für den Elektrotechniker ist es

Bild 6.1. Vierpol

nun notwendig zu wissen, welchen Verlauf W_1 für veränderlichen Abschlußwiderstand Z_2 nimmt. Gelingt es z. B., diesen Verlauf grafisch darzustellen, dann ist die Aufgabenstellung gelöst.

In 3.4. hatten wir den Begriff der konformen Abbildung erläutert und insbesondere den grundlegenden Satz 3.8 ausgesprochen, daß die durch holomorphe Funktionen $f(z)$ erzeugten Abbildungen für $f'(z) \neq 0$ konform sind. Jetzt wollen wir spezielle konforme Abbildungen untersuchen, die z. B. auch die eben genannte Aufgabenstellung mit erfassen.

6.1. Abbildungen durch gebrochen lineare Funktionen

Die linearen Funktionen sind, wie in 3.5.3. schon ausgeführt, ein Sonderfall der rationalen Funktionen. Sind a, b, c und d komplexe Konstanten mit $(ad - bc) \neq 0$, dann stellt

$$w = \frac{az + b}{cz + d} \tag{6.2}$$

eine umkehrbar eindeutige **gebrochen lineare Funktion** dar. Zunächst betrachten wir den Sonderfall der ganzen linearen Funktion.

6.1.1. Abbildung durch ganze lineare Funktionen

Eine ganze lineare Funktion sei gegeben durch

$$w = az + b, \tag{6.3}$$

wobei a, b komplexe Konstanten und $a \neq 0$ sind. Wir betrachten nun einige Sonderfälle:

1. $a = 1$, $b = 0$. Die Abbildung lautet dann

$$w = z. \tag{6.4}$$

Damit gilt mit $z = x + jy$ und $w = f(z) = u + jv$

$$u + jv = x + jy, \qquad u = x \quad \text{und} \quad v = y.$$

Es liegt eine **identische Abbildung** vor. Bild und Original sind also kongruente Figuren.

2. $a = 1$, $b \neq 0$. Wir erhalten die Abbildung

$$w = z + b. \tag{6.5}$$

Erinnern wir uns an die geometrische Addition komplexer Zahlen, so erkennen wir, daß die Abbildung (6.5) eine **Translation** darstellt. Original- und Bildfigur sind wieder zueinander kongruent. Betrachten wir einen Kreis mit der Gleichung $z(t) = z_0 + r\,e^{jt}$ ($0 \leq t \leq 2\pi$), wobei z_0 eine komplexe Konstante und $r > 0$ reell ist, dann bewirkt die Abbildung (6.5) die im Bild 6.2 dargestellte Translation.

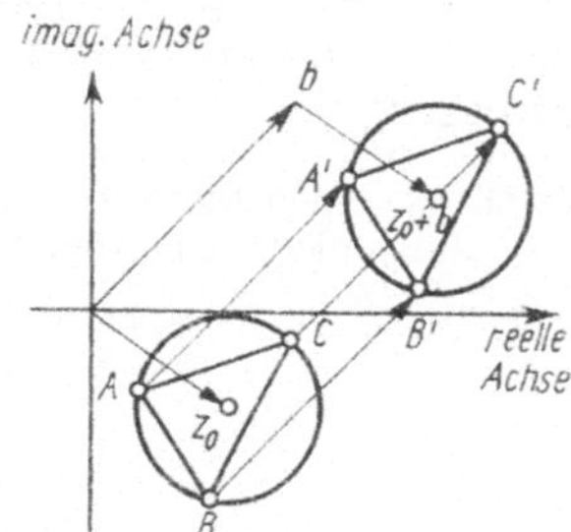

Bild 6.2. Translation

3. $a = \alpha > 0$, reell, $b = 0$. Die Abbildungsfunktion lautet

$$w = \alpha z. \tag{6.6}$$

Den Bildpunkt zu z gewinnt man jetzt, indem der Ortsvektor des Punktes z im Verhältnis $1 : \alpha$ **gestreckt** ($\alpha > 1$) bzw. **gestaucht** ($\alpha < 1$) wird. Die Abbildung ist nicht mehr kongruent, aber Original und Bildfigur sind einander ähnlich. Man kann leicht zeigen, daß durch diese Abbildung Geraden der z-Ebene in Geraden der w-Ebene, Kreise der z-Ebene in Kreise der w-Ebene und parallele Geraden in parallele Geraden übergehen. Wenden wir die Abbildung (6.6) z. B. auf den Kreis $z(t) = z_0 + r\,e^{jt}$ an, dann erhalten wir $w = \alpha(z_0 + r\,e^{jt}) = \alpha z_0 + \alpha r\,e^{jt}$ (Bild 6.3).

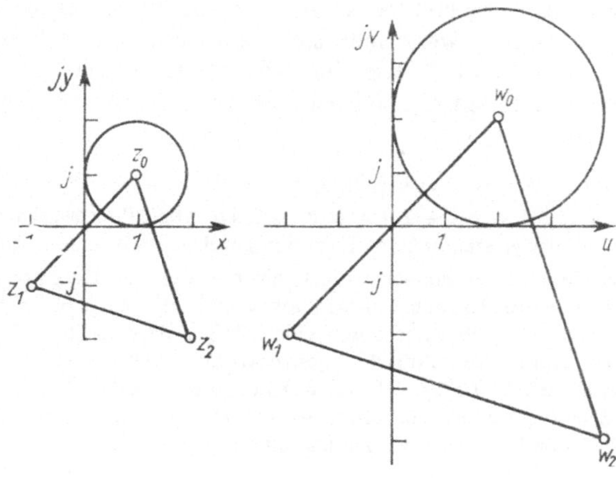

Bild 6.3. Streckung

7*

Im Bild 6.3 wurden ein Kreis und ein Dreieck vermittels der Funktion (6.6) abgebildet. Da eine Ähnlichkeitsabbildung vorliegt, bleiben natürlich auch die Winkel sich schneidender Geraden erhalten.

4. $a \neq 0$, $b = 0$. Für die Abbildungsfunktion ergibt sich dann

$$w = az. \tag{6.7}$$

Stellen wir a und z in der Exponentialform dar, dann folgt

$$w = r_a\, \mathrm{e}^{\mathrm{j}\varphi_a} r\, \mathrm{e}^{\mathrm{j}\varphi} = r_a r\, \mathrm{e}^{\mathrm{j}(\varphi_a + \varphi)}.$$

Im Fall $r_a = 1$, d. h. $|a| = 1$, bewirkt (6.7) also eine reine Drehung, wie auch schon im Abschnitt 2.1. erläutert wurde. Für $|a| \neq 1$ kommt zur Drehung noch eine Streckung hinzu, (6.7) stellt also den Fall der **Drehstreckung** dar.

Beispiel 6.1: Der Punkt $z_1 = 1 + \mathrm{j}$ wird durch eine Drehstreckung in den Bildpunkt $w_1 = 2$ abgebildet. In welche Bildpunkte gehen $z_2 = -1 + \mathrm{j}$ und $z_3 = -\mathrm{j}$ durch die gleiche Abbildung über? Geben Sie die Abbildungsfunktion an!

Lösung: Mit $a = \alpha + \beta\mathrm{j}$ folgt aus (6.7)

$$w = (\alpha + \mathrm{j}\beta)\,(x + \mathrm{j}y),$$

$$2 = (\alpha + \mathrm{j}\beta)\,(1 + \mathrm{j}),$$

$$2 = \alpha - \beta + \mathrm{j}(\alpha + \beta).$$

Durch Koeffizientenvergleich erhält man $\alpha = 1$ und $\beta = -1$, $a = 1 - \mathrm{j}$. Die Abbildungsfunktion lautet somit $w = (1 - \mathrm{j})\, z$. Für die beiden anderen Bildpunkte erhält man $w_2 = 2\mathrm{j}$ und $w_3 = -1 - \mathrm{j}$.

Die allgemeine ganze lineare Funktion stellt somit eine Abbildung dar, die sich aus einer Drehstreckung und einer Translation zusammensetzt. Das bedeutet, daß durch die Abbildungsfunktion (6.3)

$$w = az + b$$

eine Ähnlichkeitsabbildung erfolgt. Da (6.3) eine in der gesamten z-Ebene holomorphe Funktion darstellt, ist die Abbildung (6.3) für $a \neq 0$ überall konform.

Werden spezielle Punktmengen abgebildet, so ist es nicht immer notwendig, die Abbildung punktweise vorzunehmen, wenn man sich daran erinnert, daß eine Ähnlichkeitsabbildung vorliegt und somit Kreise der z-Ebene in Kreise der w-Ebene und Geraden der z-Ebene in Geraden der w-Ebene übergehen. Wir wollen dies an einem Beispiel demonstrieren.

Beispiel 6.2: Das durch die drei Punkte $z_1 = -1 + 3\mathrm{j}$, $z_2 = 1 + 2\mathrm{j}$, $z_3 = 4 + 2\mathrm{j}$ gegebene Dreieck soll durch die Funktion $w = \sqrt{2}\,(1 - \mathrm{j})\, z + 2 + \mathrm{j}$ in die w-Ebene abgebildet werden (grafisch).

Lösung: Da der allgemeine Fall der ganzen linearen Funktion gegeben ist, ist eine Drehstreckung und Translation durchzuführen. Wir führen zunächst die Drehstreckung aus. Da $a = \sqrt{2}\,(1 - \mathrm{j})$ die Drehstreckung bewirkt, bilden wir die Exponentialform von a und erhalten $a = 2\,\mathrm{e}^{-\mathrm{j}45°}$, d. h., jeder Ortsvektor in der z-Ebene (also auch jeder durch einen Zeiger dargestellte Eckpunkt des Dreiecks) wird um $-45°$ gedreht und im Verhältnis $1 : 2$ gestreckt. Das kann grafisch leicht durchgeführt werden (Bild 6.4). Das so gefundene Dreieck mit den Eckpunkten w_1^*, w_2^* und w_3^* erfährt dann noch durch den Zeiger $b = 2 + \mathrm{j}$ eine Translation, so daß wir das abgebildete Dreieck w_1, w_2, w_3 in der w-Ebene erhalten (z- und w-Ebene wurden übereinander gezeichnet).

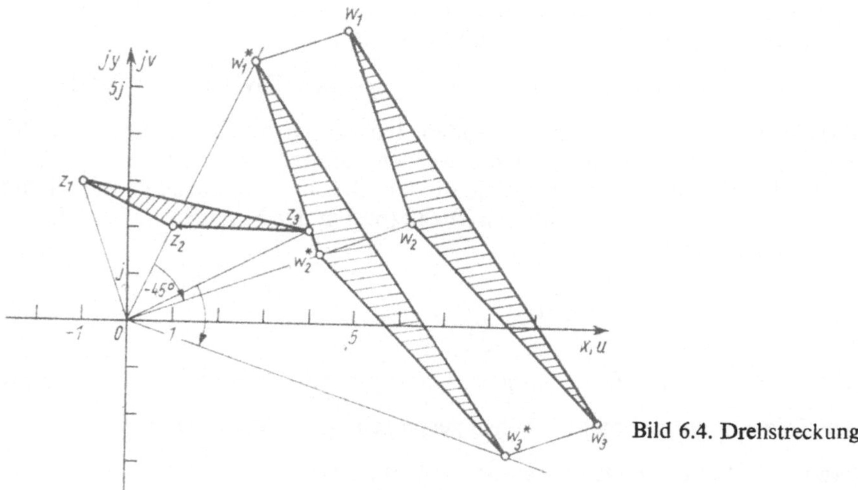

Bild 6.4. Drehstreckung

Soll eine Kreisscheibe der z-Ebene in die w-Ebene durch (6.3) abgebildet werden, dann genügt die Abbildung des Mittelpunktes und die Bestimmung des Kreisradius in der w-Ebene. Liegt die Kreisgleichung in der Form $z(t) = z_0 + r\,\mathrm{e}^{jt}$ ($0 \leq t \leq 2\pi$) vor, dann erhalten wir mit (6.3)

$$w = a(z_0 + r\,\mathrm{e}^{jt}) + b = az_0 + b + ar\,\mathrm{e}^{jt}.$$

Der Mittelpunkt des Bildkreises ist also $az_0 + b$, und der Radius des Bildkreises kann aus $|a|\,r$ bestimmt werden.

Ist der Kreis durch die Gleichung $|z - z_0| = r$ gegeben, so findet man bei Anwendung der Abbildungsfunktion $w = az + b$ den Mittelpunkt des Bildkreises in der w-Ebene auch wieder einfach durch Einsetzen des Mittelpunktes z_0 in die Abbildungsgleichung und erhält $w = az_0 + b$. Da der Kreisradius von der Drehung unabhängig ist, hat wiederum nur $|a|$ auf die Änderung des Radius Einfluß, und wir erhalten $r' = |a|\,r$ für den Radius des Kreises in der Bildebene (w-Ebene).

6.1.2. Abbildung durch die Funktion $w = \dfrac{1}{z}$

Sind zwei komplexe Zahlen z_1 und z_2 durch die Beziehung

$$z_1 z_2 = r_0^2, \tag{6.8}$$

wobei r_0 reell und konstant ist, miteinander verknüpft, dann sagt man, z_1 (z_2) ist mit der Inversionspotenz r_0^2 zu z_2 (z_1) **invers.** Durch die Funktion

$$w = \frac{1}{z} \tag{6.9}$$

erhalten wir somit eine sog. **inverse** Abbildung. Mit der Einführung des unendlich fernen Punktes $w = \infty$ haben wir die Möglichkeit, die gesamte z-Ebene vermittels

(6.9) auf die w-Ebene abzubilden. Durch die Festlegung nach Definition 3.2 ist die Funktion (6.9) in der ganzen z-Ebene erklärt.

Geometrisch kann man sich $w = \dfrac{1}{z}$ aus der Division der beiden komplexen Zahlen $z_1 = 1$ und $z_2 = z$ entstanden denken, so daß w nach der im Bild 6.5 angegebenen Konstruktion gewonnen werden könnte. Unter Anwendung des Kathetensatzes kann eine vor allem auch in der Ortskurventheorie übliche Konstruktion hergeleitet werden. Stellen wir w und z in (6.9) in der Exponentialform dar, dann folgt mit $z = r\,\mathrm{e}^{j\varphi}$ und $w = R\,\mathrm{e}^{j\psi}$

$$w = R\,\mathrm{e}^{j\psi} = \frac{1}{r}\,\mathrm{e}^{-j\varphi}, \tag{6.10}$$

d. h. $\psi = -\varphi$ und $R = \dfrac{1}{r}$. $\psi = -\varphi$ kann leicht dadurch realisiert werden, daß der Zeiger z an der reellen Achse gespiegelt wird. Auch die zweite Aussage $R = \dfrac{1}{r}$ kann mit Hilfe des Kathetensatzes geometrisch interpretiert werden, im Bild 6.6

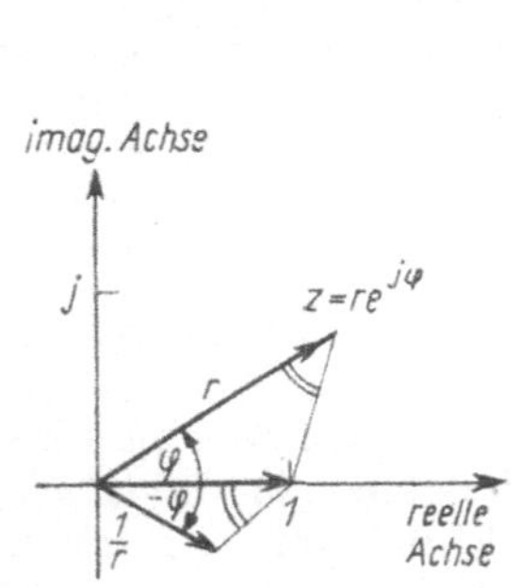

Bild 6.5. $w = \dfrac{1}{z}$

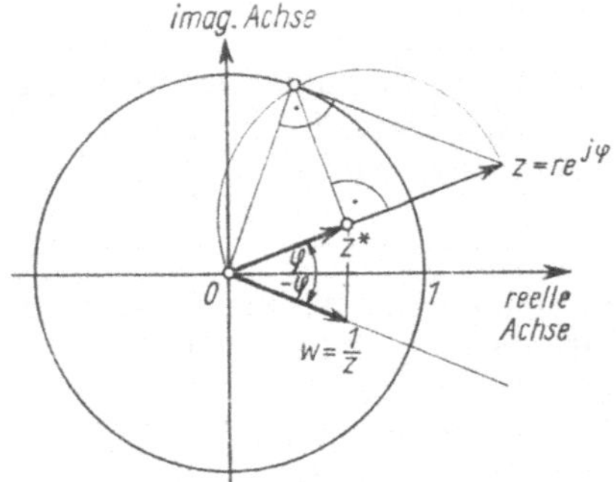

Bild 6.6. Inversion am Einheitskreis

wurde die Konstruktion ausgeführt. Die Reihenfolge der beiden genannten Schritte ist dabei gleichgültig. Es empfiehlt sich, folgendermaßen vorzugehen:

1. Ausgehend von z wird derjenige Punkt z^* bestimmt, der dasselbe Argument wie z besitzt, dessen Betrag aber gleich dem reziproken Wert des Betrages von z ist, wir erhalten also

$$z^* = \frac{1}{r}\,\mathrm{e}^{j\varphi}.$$

Dieser Vorgang heißt **Spiegelung am Einheitskreis**, oder man nennt z^* den bezüglich des Einheitskreises **inversen** Punkt von z.

2. Zum Punkt z^* ermitteln wir denjenigen Punkt w, der den gleichen Betrag wie z^*, aber negatives Argument hat:

$$w = \overline{z^*} = \frac{1}{r}\,\mathrm{e}^{-j\varphi}.$$

Wenden wir die Operation der Kehrwertbildung auf $\frac{1}{z}$ noch einmal an, dann erhalten wir wieder z, d. h., $z = \frac{1}{w}$ kann auf die analoge Weise gebildet werden wie $w = \frac{1}{z}$. Diese **involutorische** Eigenschaft gilt auch zwischen z und z^*; man sagt, die Spiegelung am Einheitskreis ist involutorisch. Soll also z. B. der bezüglich des Einheitskreises inverse Punkt z^* für einen Punkt z im Innern des Einheitskreises bestimmt werden, dann braucht man in Bild 6.6 nur die Bezeichnung der beiden Punkte z und z^* zu vertauschen.

Die eben betrachtete inverse Abbildung ist z. B. für viele Untersuchungen in der Elektrotechnik von Bedeutung. Betrachten wir z. B. das Ohmsche Gesetz $u = ir$ und nehmen an, daß u konstant und i und r veränderliche komplexe Größen sind, dann wird der Zusammenhang $i = \frac{u}{r}$ durch die inverse Abbildung (6.9) charakterisiert, da u durch einen entsprechenden Maßstab berücksichtigt werden kann. Ist r z. B. abhängig von der Frequenz, dann erhält man für r in der komplexen Zahlenebene eine Kurve. Bei der Bestimmung von i besteht dann die Aufgabe, zu allen Punkten der Kurve für r die inversen Punkte zu ermitteln. Durch Inversion ließe sich also bei geeigneter Wahl des Maßstabes aus der Kurve für r diejenige für i bestimmen (und umgekehrt).

Man kann leicht zeigen, daß alle Punkte des Einheitskreises bei der Abbildung $z \to z^*$ in sich selbst übergehen. Sowohl durch die Abbildung $z \to z^*$ als auch durch $z \to w$ gehen alle Punkte im Innern (außerhalb) des Einheitskreises in Punkte außerhalb (innerhalb) des Einheitskreises über. Im Beispiel 3.2 wurde dies ja auch schon untersucht (Bild 3.3).

Als **Fixpunkte** der Abbildung, d. h. Punkte, die bei der Abbildung in sich selbst übergehen, erhält man aus

$$w = \frac{1}{z} = z \Rightarrow z^2 = 1: \quad z_1 = 1, z_2 = -1.$$

Die beiden Punkte $z = 1$ und $z = -1$ gehen somit bei der Abbildung (6.9) in sich selbst über.

Im Beispiel 3.2 hatten wir gesehen, daß sich durch die Abbildung (6.9) der Umlaufsinn des Einheitskreises umkehrt. Die Bildpunkte des Einheitskreises der z-Ebene gewinnt man durch einfache Spiegelung an der reellen Achse.

Bei der Anwendung der inversen Abbildung geht es häufig darum, nicht einzelne Punkte, sondern Kurven abzubilden. Für einfache Kurvenformen soll das näher untersucht werden.

Zunächst wollen wir noch eine andere Form einer Kreisgleichung kennenlernen. Wir behaupten,

$$\gamma z\bar{z} + az + \bar{a}\bar{z} + \delta = 0 \quad (|a|^2 - \gamma\delta > 0), \tag{6.11}$$

wobei γ, δ reelle Konstanten und a komplexe Konstanten sind,
ist für $\quad \gamma \neq 0$ die **Gleichung eines Kreises** und für
$\quad \gamma = 0$ die **Gleichung einer Geraden** in der z-Ebene.

Beweis: Mit $a = \alpha + j\beta$ und $z = x + jy$ folgt aus (6.11)

$$\gamma(x + jy)(x - jy) + (\alpha + j\beta)(x + jy) + (\alpha - j\beta)(x - jy) + \delta = 0,$$

$$\gamma(x^2 + y^2) + 2(\alpha x - \beta y) + \delta = 0. \tag{6.12}$$

Das ist für $\gamma \neq 0$ eine Kreisgleichung und für $\gamma = 0$ eine Geradengleichung. ∎
Man kann nun noch zeigen, daß der Radius dieses Kreises gleich

$$\varrho = \frac{1}{|\gamma|} \sqrt{|a|^2 - \gamma\delta} \tag{6.13}$$

und der Mittelpunkt

$$z_0 = -\frac{\bar{a}}{\gamma} \tag{6.14}$$

ist. Was ergibt nun die Abbildung dieses Kreises (6.11) mit der Abbildungsfunktion
(6.9)? Wir setzen $w = \dfrac{1}{z} \Rightarrow z = \dfrac{1}{w}$ in (6.11) ein und erhalten mit der Voraussetzung
$|a|^2 - \gamma\delta > 0$

$$\gamma \frac{1}{w}\frac{1}{\bar{w}} + a\frac{1}{w} + \bar{a}\frac{1}{\bar{w}} + \delta = 0 \Rightarrow \gamma + a\bar{w} + \bar{a}w + \delta w\bar{w} = 0.$$

Wir erhalten also als Bildkurve ebenfalls einen Kreis ($\delta \neq 0$) bzw. eine Gerade
($\delta = 0$). Der Bildkreis in der w-Ebene hat den Radius

$$\varrho_w = \frac{1}{|\delta|} \sqrt{|a|^2 - \gamma\delta} \tag{6.15}$$

und den Mittelpunkt

$$w_0 = -\frac{a}{\delta}. \tag{6.16}$$

Nehmen wir die uneigentlichen Punkte der z- bzw. w-Ebene zu diesen Ebenen hinzu
und fassen wir jede Gerade als Kreis mit unendlich großem Radius auf, dann kann
also der Satz ausgesprochen werden:

S.6.1 Satz 6.1: *Die Gesamtheit der Kreise der z-Ebene wird durch die inverse Abbildung*
$w = \dfrac{1}{z}$ *auf die Gesamtheit der Kreise der w-Ebene abgebildet. Man sagt, die* **Abbildung**
ist kreisverwandt.

Für das praktische Arbeiten mit der inversen Abbildung sind nun noch folgende
spezielle Aussagen von Bedeutung, die sich aus den hergeleiteten Formeln leicht
erkennen lassen:
1. Alle Geraden durch den Nullpunkt der z-Ebene werden in Geraden der w-Ebene
   abgebildet, die durch den Nullpunkt gehen ($\gamma = 0$, $\delta = 0$).
2. Jede Gerade der z-Ebene, die nicht durch den Nullpunkt geht, wird in einen
   Kreis der w-Ebene abgebildet, der durch den Nullpunkt geht ($\gamma = 0$, $\delta \neq 0$).

Da die Abbildung involutorisch ist, gilt dann natürlich auch die Umkehrung von 1. und 2.

3. Jeder Kreis der z-Ebene, der durch den Nullpunkt geht, wird in eine Gerade der w-Ebene abgebildet, die nicht durch den Nullpunkt geht ($\gamma \neq 0$, $\delta = 0$).

Die Abbildungseigenschaften der Funktion $w = 1/z$ finden unmittelbare praktische Anwendungen. Zum Beispiel wird eine unter dem Winkel α gegen die reelle Achse der z-Ebene geneigte Geradenschar in eine Kreisschar durch den Nullpunkt abgebildet. Dabei ist die gemeinsame Tangente aller Kreise im Nullpunkt als Symmetriegerade um den Winkel $-\alpha$ gegen die reelle Achse der w-Ebene geneigt. Praktisch läßt sich dieses Ergebnis als konforme Abbildung einer Parallelströmung in eine Dipolströmung interpretieren. Weiterhin kann man die Abbildung durch $w = 1/z$ auf eine Quellströmung mit der Quelle im Punkt z_0 anwenden. Die Stromlinien, die in der z-Ebene als Geraden vom Punkt z_0 nach ∞ verlaufen, sind in der w-Ebene Kreise durch $w_0 = 1/z_0$ und durch den $z = \infty$ entsprechenden Punkt $w = 0$. Man erhält damit die konforme Abbildung einer Quell-Senken-Strömung in eine Quellströmung.

Bei der konstruktiven Durchführung der inversen Abbildung eines Kreises wählt man am zweckmäßigsten den dem Ursprung am nächsten liegenden und den am weitesten entfernten Punkt des Kreises, der zu invertieren ist, da dadurch der Durchmesser des Bildkreises gewonnen wird. Diese Überlegung trifft auch zu, wenn der Sonderfall der Geraden vorliegt.

Beispiel 6.3: In der z-Ebene ist das Quadrat mit den Eckpunkten $z_1 = \frac{1}{2}\sqrt{2}\,(1 + j)$, $z_2 = \frac{1}{2}\sqrt{2}\,(1 + 3j)$, $z_3 = \frac{1}{2}\sqrt{2}\,(-1 + 3j)$, $z_4 = \frac{1}{2}\sqrt{2}\,(-1 + j)$ gegeben. Bilden Sie dieses Quadrat durch $w = 1/z$ in die w-Ebene ab. Eine Skizze ist anzufertigen!

Lösung: Zunächst verschaffen wir uns einen Überblick über die Lage der einzelnen Punkte (Bild 6.7). z_1 und z_4 liegen auf dem Einheitskreis, somit können die Bildpunkte w_1 und w_4 durch

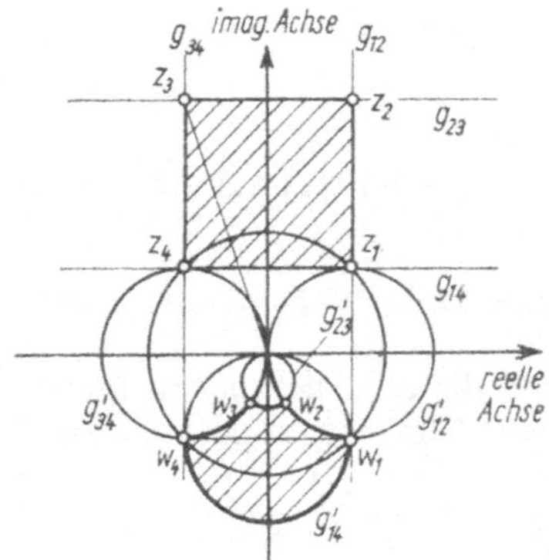

Bild 6.7. Konforme Abbildung

Spiegelung der Punkte z_1 und z_4 an der reellen Achse gefunden werden. Die durch die Eckpunkte des Quadrats gehenden Geraden der z-Ebene müssen nach 2., S. 104, in Kreise durch den Nullpunkt übergehen. Damit sind von dem Kreis, der durch die Abbildung von g_{14} entsteht, schon drei Punkte bekannt, so daß er konstruiert werden kann. Von den Kreisen, die durch die Abbildung der Geraden g_{12} und g_{34} entstehen, sind zwei Punkte bekannt (Nullpunkt und w_1 bzw. w_4). Es empfiehlt sich hier, die Punkte z_2 und z_3 invers abzubilden, da sie für das Bild der Geraden g_{23} ja auch benötigt werden. Die Punkte w_2 und w_3 werden nach der in Bild 6.6 gezeigten Konstruktion ermittelt. Das Ergebnis ist somit grafisch gewonnen worden.

6.1.3.   Abbildung durch die allgemeine gebrochen lineare Funktion $w = \dfrac{az + b}{cz + d}$

Wir betrachten jetzt den allgemeinen Fall der gebrochen linearen Funktion (6.2), also

$$w = \frac{az + b}{cz + d} \quad (ad - bc \neq 0). \tag{6.17}$$

Dabei sind a, b, c, d komplexe Konstanten, und wir setzen $c \neq 0$ voraus, um schon behandelte Fälle auszuschließen. Durch die allgemeine gebrochen lineare Funktion wird die z-Vollebene eineindeutig und konform auf die w-Vollebene abgebildet. Man kann zeigen, daß nur die allgemeinen gebrochen linearen Funktionen diese Eigenschaft besitzen.

Durch die gebrochen lineare Funktion wird eine eineindeutige Abbildung festgelegt, d. h., jedem Punkt der z-Ebene entspricht genau ein zugehöriger Bildpunkt in der w-Ebene und umgekehrt. Durch Auflösen von (6.17) nach z erhält man

$$z = \frac{-dw + b}{cw - a}. \tag{6.18}$$

Daraus folgt $\displaystyle \lim_{w \to \infty} \frac{-dw + b}{cw - a} = \lim_{w \to \infty} \frac{-d + b/w}{c - a/w} = -\frac{d}{c}$, d. h., der Bildpunkt des

Punktes $z = -d/c$ ist in der w-Ebene der uneigentliche Punkt. Der Bildpunkt des uneigentlichen Punktes $z = \infty$ kann aus

$$\lim_{z \to \infty} w = \lim_{z \to \infty} \frac{az + b}{cz + d} = \lim_{z \to \infty} \frac{a + b/z}{c + d/z} = \frac{a}{c} \tag{*}$$

ermittelt werden. Für die Fixpunkte der gebrochen linearen Abbildung ergibt sich aus (6.17)

$$z = \frac{az + b}{cz + d} \;\Rightarrow\; cz^2 + (d - a)\, z - b = 0. \tag{6.19}$$

Fallunterscheidung:

1. $c = 0$: Aus (6.19) folgt $z = \dfrac{-b}{a - d}$. Ein weiterer Fixpunkt ist $z = \infty$, denn für $c \to 0$ folgt aus (*) $w \to \infty$.
2. $c \neq 0$: Aus (6.19) erhalten wir zwei komplexe Lösungen. $z = \infty$ ist, wie in (*) gezeigt wurde, kein Fixpunkt.

Die Abbildung der z- in die w-Ebene durch die allg. gebrochen lineare Funktion wird nun in mehreren Schritten vorgenommen: Wir formen deshalb (6.17) um:

$$w = \frac{az + b}{cz + d} = \frac{a}{c} \cdot \frac{z + b/a}{z + d/c} = \frac{a}{c} \left(1 + \frac{bc - ad}{a} \cdot \frac{1}{cz + d} \right)$$
$$= \frac{a}{c} + \frac{bc - ad}{c} \cdot \frac{1}{cz + d}.$$

Zur Vereinfachung setzen wir $\dfrac{a}{c} = a_1$ und $\dfrac{bc - ad}{c} = a_2$, so daß wir

$$w = a_1 + a_2 \frac{1}{cz + d} \tag{6.20}$$

erhalten.

Es kann nun leicht abgelesen werden, welche Operationen erforderlich sind, um die Abbildung des Punktes z in die w-Ebene vorzunehmen:

1. Der Nenner $z^* = cz + d$ ist eine ganze lineare Funktion und kann somit aus z durch eine Drehstreckung und anschließende Translation gewonnen werden (Ähnlichkeitsabbildung). Wir erhalten dadurch

$$w = a_1 + a_2 \frac{1}{z^*}. \tag{6.21}$$

2. Setzen wir jetzt $w^* = \dfrac{1}{z^*}$, dann folgt aus (6.21)

$$w = a_1 + a_2 w^*. \tag{6.22}$$

w^* kann nach (6.9) durch eine inverse Abbildung aus z^* gewonnen werden.

3. Um nun von w^* noch zu w zu kommen, ist noch eine Drehstreckung und anschließende Translation erforderlich (nach (6.22)).

Da alle elementaren Abbildungen, aus denen sich die allgemeinen gebrochen linearen Abbildungen zusammensetzen lassen, kreistreu sind, gilt der

Satz 6.2: *Die durch Gleichung* $w = \dfrac{az + b}{cz + d}$ *vermittelte Abbildung ist kreistreu.*   **S.6.2**

Beispiel 6.4: Durch die Funktion $w = -\dfrac{(z - 1)(1 + j)}{2(z - j)}$ ist das durch die Eckpunkte $z_1 = 1$, $z_2 = 1 + j$, $z_3 = \frac{1}{2}(1 + j)$ festgelegte Dreieck der z-Ebene in die w-Ebene abzubilden. Skizze!

Lösung: Durch Umformung nach (6.20) erhalten wir

$$w = \frac{-(1 + j)z + (1 + j)}{2z - 2j} = -\frac{1 + j}{2} + \frac{(1 + j) \cdot 2 - (1 + j) \cdot 2j}{2} \cdot \frac{1}{2z - 2j}$$

$$= -\frac{1 + j}{2} + \frac{1}{z - j}.$$

1. Zunächst bilden wir $z^* = z - j$. Das Dreieck wird also parallel verschoben (Translation).

2. Durch Inversion gewinnen wir $w^* = \dfrac{1}{z^*}$ (Bild 6.8). Da nach Vergleich mit (6.20) $a_2 = 1$ ist, folgt nur noch

3. eine reine Translation $w = -\dfrac{1 + j}{2} + w^*$.

Die Bildpunkte sind $w_1 = 0$, $w_2 = \dfrac{1}{2}(1 - j)$, $w_3 = \dfrac{1}{2}(1 + j)$.

Teilen wir Zähler und Nenner in (6.17) durch eine der komplexen Konstanten, z. B. durch a, dann erhalten wir einen Ausdruck der Form $w = \dfrac{z + b^*}{c^* z + d^*}$. Das bedeutet, daß die allgemeine gebrochen lineare Funktion von drei Parametern abhängt. Wir können also die Aufgabe formulieren, drei vorgegebene Punkte der z-Ebene durch die allgemeine gebrochen lineare Funktion in drei vorgegebene Punkte der w-Ebene abzubilden. Wir erhalten aus dieser Interpolationsaufgabe die drei Gleichungen

$$w_i = \frac{az_i + b}{cz_i + d} \quad (i = 1, 2, 3).$$

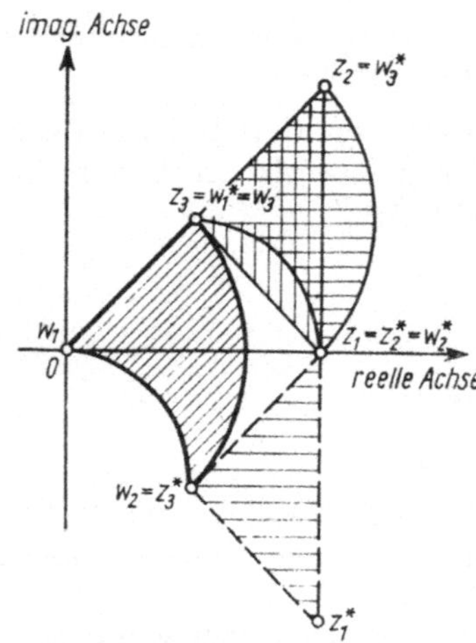

Bild 6.8. Konforme Abbildung

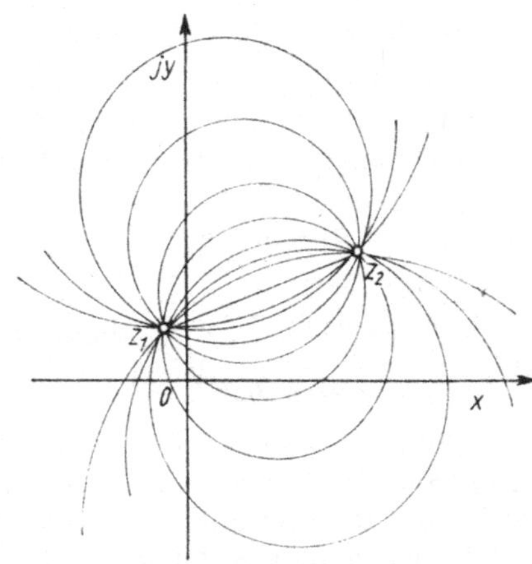

Bild 6.9. Kreisschar

Durch Elimination von a, b, c und d folgt die gesuchte Transformation

$$\frac{w - w_1}{w - w_3} \frac{w_2 - w_3}{w_2 - w_1} = \frac{z - z_1}{z - z_3} \frac{z_2 - z_3}{z_2 - z_1}$$

bzw.

$$\frac{w - w_1}{w - w_3} : \frac{w_2 - w_1}{w_2 - w_3} = \frac{z - z_1}{z - z_3} : \frac{z_2 - z_1}{z_2 - z_3} .$$

(6.23)

$\dfrac{z - z_1}{z - z_3} : \dfrac{z_2 - z_1}{z_2 - z_3}$ bezeichnet man auch als **Doppelverhältnis** (oder anharmonisches Verhältnis) **von vier Punkten** und schreibt dafür (z_1, z_2, z, z_3). Das Doppelverhältnis ist eine Invariante der allgemeinen gebrochen linearen Abbildung.

Beispiel 6.5: Gegeben sind die drei Punkte $z_1 = 1$, $z_2 = -j$ und $z_3 = 1 + j$. Bestimmen Sie die allgemeine gebrochen lineare Transformation, die diese Punkte in $w_1 = -1 - 2j$, $w_2 = -1+2j$, $w_3 = -j$ der w-Ebene überführt.

Lösung: Aus (6.23) erhalten wir durch Einsetzen der gegebenen Punkte nach entsprechender Umformung $w = \dfrac{z + 1 - j}{z - 1 + j}$.

* *Aufgabe 6.1:* Im Bild 6.9 ist in der z-Ebene eine Kreisschar durch die beiden Punkte z_1 und z_2 bestimmt. Welches Bild ergibt sich durch eine gebrochen lineare Abbildung in der w-Ebene, wenn z_1 und z_2 Fixpunkte sind?

* *Aufgabe 6.2:* Bestimmen Sie die gebrochen lineare Funktion, die die Punkte $z_1 = -1$, $z_2 = 1$, $z_3 = 0$ in die entsprechenden Bildpunkte $w_1 = 0$, $w_2 = -\dfrac{4}{3}j$ und $w_3 = -j$ abbildet.

6.1.4. Hinweise auf weitere praktisch wichtige Abbildungen

Die allgemeine gebrochen lineare Funktion, deren Eigenschaften im Abschnitt 6.1.3. durch drei aufeinanderfolgende Abbildungen untersucht wurden, ist ein Beispiel für zusammengesetzte Funktionen. Durch eine Folge von Zwischenabbildungen lassen sich systematisch praktisch wichtige konforme Abbildungen erzeugen. Als Beispiel soll auf die im Abschnitt 3.4. erwähnte Joukowski-Funktion $f(z) = z + 1/z$ verwiesen werden.

Im Abschnitt 3.5. wurden Abbildungseigenschaften einiger elementarer Funktionen untersucht. Solche einfache konformen Abbildungen lassen bereits zahlreiche praktische Anwendungen zu. Zum Beispiel können die Eigenschaften der Exponentialfunktion $w = e^z$ genutzt werden, um eine Parallelströmung mit konstanter Geschwindigkeit in der z-Ebene parallel zur x-Achse in eine Quellströmung in der w-Ebene abzubilden, d. h. in eine Strömung, bei der alle Stromlinien radial vom Nullpunkt der w-Ebene ausgehen.

Eine wesentliche Anwendung der Funktion $w = e^z$ gewinnt man über ihre Periodizitätseigenschaft, die in der Theorie der Kreiselräder zur Untersuchung von Strömungen um periodisch angeordnete Körper, wie z. B. um sog. Flügelgitter, genutzt wird.

Durch Zusammensetzen von Exponentialfunktionen erhält man weitere interessante Abbildungen. Die Funktion $w = \tan z$ liefert die konforme Abbildung einer Dipolreihe auf eine Parallelströmung oder einer Quell-Senken-Reihe auf eine einzelne Quelle. Desgleichen erhält man über $w = \cot z$ die konforme Abbildung einer Dipolreihe auf eine Parallelströmung oder einer Quell-Senken-Reihe auf eine einzelne Senke.

Praktisch bedeutungsvolle Anwendungen erfordern jedoch ein weiteres intensives Studium der Theorie der konformen Abbildungen. Deshalb muß hier auf die einschlägige Literatur, wie z. B. [2], verwiesen werden.

6.2. Schwarzsches Spiegelungsprinzip

Wir wollen einen Satz kennenlernen, der es uns erlaubt, unter gewissen Bedingungen aus dem Verhalten der Abbildung in einem Gebiet G auf das Verhalten derselben Abbildung in einem anderen Gebiet G' zu schließen.

Satz 6.3 (Schwarzsches Spiegelungsprinzip): *G sei ein Gebiet, zu dessen Rand ein Stück einer Geraden g oder eines Kreises k gehört; eine Funktion $f(z)$ sei in G holomorph und auf g bzw. k stetig. Wenn g auf die Gerade g' bzw. k auf den Kreis k' abgebildet wird, dann werden Punkte aus G, die zu g bzw. k spiegelbildlich liegen, in Punkte von G' abgebildet, die spiegelbildlich zu g' bzw. k' liegen.* S.6.3

Unter dem zu z_1 bezüglich des Kreises k gehörenden Spiegelpunkt z_2 verstehen wir dabei denjenigen, der auf der Verbindungsgeraden durch z_0 und z_1 liegt und der Bedingung

$$|z_1 - z_0|\,|z_2 - z_0| = r^2 \tag{6.24}$$

genügt (vgl. Bild 6.10).

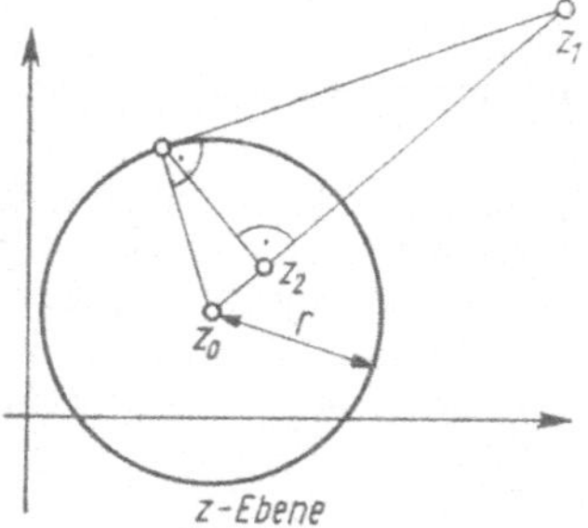

Bild 6.10. Spiegelung am Kreis

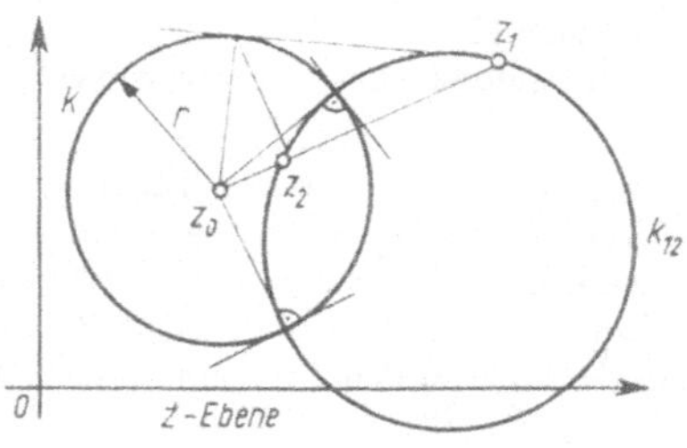

Bild 6.11. Spiegelung am Kreis

Satz 6.3 kann mit Vorteil bei der Anwendung der konformen Abbildung angewandt werden, er erleichtert die Berechnung ebener Felder mit kreisförmiger und geradliniger Begrenzung.

Die in 5.3 betrachtete analytische Fortsetzung von Funktionen $f(z)$ mit Hilfe von Potenzreihen ist häufig umständlich. Man gewinnt die analytische Fortsetzung von $f(z)$ auch mit Hilfe des Schwarzschen Spiegelungsprinzips. Ordnet man dem Spiegelbild z^* von z an k denjenigen Punkt w^* zu, der aus $w = f(z)$ durch Spiegelung an k' hervorgeht, dann ist $w^* = f^*(z^*)$ analytische Fortsetzung von $f(z)$.

Da für $\lambda > 0$, reell, $z_1 - z_0 = \lambda(z_2 - z_0)$ gilt, folgt aus (6.24) $|z_1 - z_0|\,|z_2 - z_0| = \lambda\,|z_1 - z_0|^2 = r^2$. Mit $|z_1 - z_0|^2 = (z_1 - z_0)\,(\bar{z}_1 - \bar{z}_0)$ erhalten wir

$$(z_2 - z_0)\,(\bar{z}_1 - \bar{z}_0) = r^2. \tag{6.25}$$

Ebenfalls ohne Beweis, der Leser kann ihn leicht selbst führen, sei noch folgender Satz angeführt:

S.6.4 **Satz 6.4:** *Sind z_1 und z_2 zwei bezüglich des Kreises k spiegelbildlich gelegene Punkte, dann schneidet jeder durch z_1 und z_2 gehende Kreis k_{12} den Kreis k senkrecht. Umgekehrt folgt, daß zwei Punkte z_1 und z_2 spiegelbildlich zu einem Kreis k liegen, dessen Mittelpunkt auf der Verbindungsgeraden durch z_1 und z_2 liegt, wenn dieser Kreis k einen durch z_1, z_2 gehenden Kreis k_{12} senkrecht schneidet* (Bild 6.11).

Beispiel 6.5: Bestimmen Sie die gebrochen lineare Funktion $w = f(z)$, die das Kreisringgebiet G der z-Ebene, das von den beiden Kreisen k_1: $|z| = 1$ und k_2: $\left|z + \dfrac{2}{5}\right| = \dfrac{9}{5}$ begrenzt wird (Bild 6.12), auf das Kreisringgebiet G' der w-Ebene, das von den beiden konzentrischen Kreisen k_1' und k_2' mit Mittelpunkt $w_2 = 0$ begrenzt wird, abbildet. Dem Punkt $z_1 = -1$ entspreche bei der Abbildung der Punkt $w_1 = j$, und k_1' sei der kleinere der beiden Kreise k_1', k_2' (Bild 6.13).

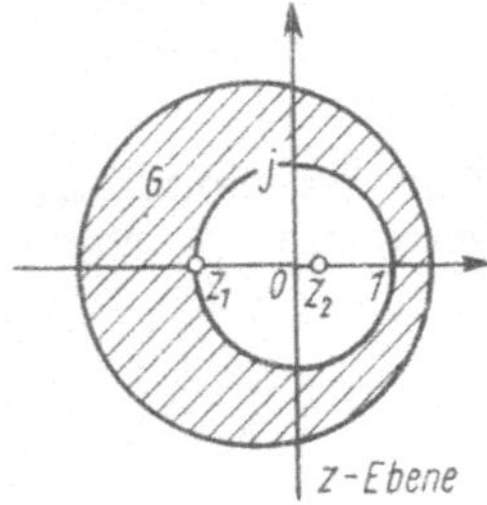

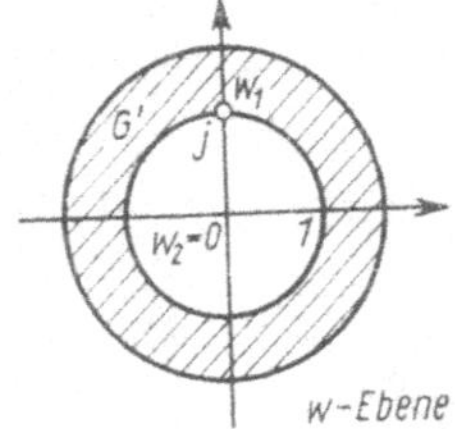

Bild 6.12
Abbildung eines Kreisringgebietes

Bild 6.13
Abbildung eines Kreisringgebietes

Lösung: Mit $z_1 = -1 \rightarrow w_1 = j$ liegt fest, daß k_1' der Einheitskreis der w-Ebene ist. Bezüglich der beiden Kreise k_1' und k_2' sind $w_2 = 0$ und $w_3 = \infty$ Spiegelpunkte in der w-Ebene. Können die zu w_2 und w_3 gehörenden Bildpunkte z_2 und z_3 in der z-Ebene bestimmt werden, dann liegen drei Punktepaare $-1 \rightarrow j$, $z_2 \rightarrow 0$ und $z_3 \rightarrow \infty$ fest, und nach (6.23) kann die gebrochen lineare Funktion ermittelt werden. Da z_2 und z_3 nach Satz 6.3 ebenso wie w_2 und w_3 Spiegelpunkte sind, folgt aus (6.25)

$$z_2\bar{z}_3 = 1 \quad \text{und} \quad \left(z_2 + \frac{2}{5}\right)\left(\bar{z}_3 + \frac{2}{5}\right) = \frac{81}{25}. \tag{6.26}$$

Aus beiden Gleichungen eliminieren wir $\bar{z}_3$ und erhalten

$$\left(z_2 + \frac{2}{5}\right)\left(\frac{1}{z_2} + \frac{2}{5}\right) = \frac{81}{25}\,.$$

Daraus folgen die beiden Lösungen $z_{21} = 5$ und $z_{22} = \dfrac{1}{5}$.
Da wir nach (6.25) auch von den Gleichungen

$$z_3\bar{z}_2 = 1 \quad \text{und} \quad \left(z_3 + \frac{2}{5}\right)\left(\bar{z}_2 + \frac{2}{5}\right) = \frac{81}{25} \tag{6.27}$$

hätten ausgehen können, stellen z_{21} und z_{22} die beiden gesuchten Punkte z_2 und z_3 der z-Ebene dar. Um zu entscheiden, welcher der beiden Punkte z_{21} und z_{22} gleich z_2 bzw. z_3 ist, lassen wir in der z-Ebene einen Punkt die Strecke auf der reellen Achse von $\dfrac{1}{5}$ bis 5 durchlaufen. Von diesem Punkt wird der Kreis k_1 als erster überschritten. Der zugehörige Bildpunkt in der w-Ebene würde sich bei dieser Bewegung auf einer Geraden von 0 nach ∞ bewegen und dabei den Kreis k_1' als ersten überschreiten. Wir hatten nun vorausgesetzt, daß k_1' der kleinere der beiden Kreise k_1', k_2' sein soll, somit kann der sich bewegende Bildpunkt in der w-Ebene nur dann den Kreis k_1' vor dem Kreis k_2' überschreiten, wenn er sich vom Punkt 0 nach dem Punkt ∞ bewegt. Somit folgt

$$\frac{1}{5} \to 0, \quad 5 \to \infty\,.$$

Mit $z_1 = -1$, $z_2 = \dfrac{1}{5}$, $z_3 = 5$ und $w_1 = j$, $w_2 = 0$, $w_3 \to \infty$ erhält man aus (6.23)

$$\lim_{\delta \to \infty} \frac{w - w_1}{w - \delta} \frac{w_2 - \delta}{w_2 - w_1} = \frac{z - z_1}{z - z_3} \frac{z_2 - z_3}{z_2 - z_1} \Rightarrow \frac{w - w_1}{w_2 - w_1} = \frac{z - z_1}{z - z_3} \frac{z_2 - z_3}{z_2 - z_1}\,,$$

$$w = j\,\frac{5z - 1}{z - 5}\,.$$

Aufgabe 6.3: Gesucht ist die gebrochen lineare Funktion $w = f(z)$, durch die das Innengebiet des Kreises $k: |z + 1| = 2$ der z-Ebene auf die obere Halbebene der w-Ebene so abgebildet wird, daß der Punkt $z_1 = -j$ in den Punkt $w_1 = j$ und der Punkt $z_2 = 1$ in den Punkt $w_2 = 0$ übergeht.

6.3. Abbildung einfach zusammenhängender Gebiete auf das Innere eines Kreises

Nach dem Riemannschen Abbildungssatz können einfach zusammenhängende Gebiete mit mindestens zwei Randpunkten durch holomorphe Funktionen eineindeutig und konform auf das Innere eines Kreises abgebildet werden.

In 6.1.3. hatten wir den Satz ausgesprochen, daß die Abbildung durch die allgemeine gebrochen lineare Funktion kreistreu ist. Legen wir also durch drei Punkte z_1, z_2 und z_3 der z-Ebene einen Kreis k, dann geht dieser durch die Abbildung (6.17) in einen Kreis k' über. Durchläuft ein Punkt den Kreis k von z_1 nach z_2 und nach z_3, dann wird der Kreis k' in der w-Ebene von w_1 nach w_2 und nach w_3 durchlaufen. Wir können also einen gegebenen orientierten Kreis k der z-Ebene, der durch die drei Punkte z_1, z_2, z_3 geht, stets so abbilden, daß er in einen Kreis k' der w-Ebene übergeht, von dem ebenfalls drei Punkte vorgegeben wurden, sofern auf beiden Kreisen die vorgegebene Orientierung eingehalten wird. Ohne Beweis geben wir folgenden Satz an:

S.6.5 Satz 6.5: *Bei der Abbildung eines orientierten Kreises k der z-Ebene vermittels der allgemeinen gebrochen linearen Transformation (6.17) in den Kreis k' der w-Ebene geht das beim Durchlaufen von k zur Linken (Rechten) liegende Gebiet der z-Ebene in das beim Durchlaufen (mit gleicher Orientierung) von k' zur Linken (Rechten) liegende Gebiet der w-Ebene über.*

1. Faßt man die reelle Achse der z-Ebene als Kreis k auf und legt auf k drei Punkte $z_1 = \infty$, $z_2 = 1$, $z_3 = 0$ und in der w-Ebene die drei Punkte $w_1 = 1$, $w_2 = -j$ und $w_3 = -1$ fest, d. h., die reelle Achse der z-Ebene soll in den Einheitskreis der w-Ebene abgebildet werden, dann können wir nach (6.23) die Abbildungsfunktion bestimmen. Man erhält

$$\frac{w - 1}{w + 1} \, \frac{-j + 1}{-j - 1} = \lim_{\delta \to \infty} \frac{z - \delta}{z \doteq 0} \, \frac{1 - 0}{1 - \delta}.$$

Da $\lim\limits_{\delta \to \infty} \dfrac{z - \delta}{z(1 - \delta)} = \dfrac{1}{z}$ ergibt, erhalten wir die Abbildungsgleichung

$$w = \frac{z - j}{z + j}. \tag{6.28}$$

Durchläuft man auf der reellen Achse die Punkte in der Reihenfolge z_1, z_2, z_3, dann liegt die obere Halbebene der z-Ebene zur Rechten. Beim Durchlaufen der drei Punkte w_1, w_2, w_3 auf dem Einheitskreis in der w-Ebene liegt das Innere des Einheitskreises zur Rechten. Die obere Halbebene der z-Ebene wurde somit durch die Transformation (6.28) in das Innere des Einheitskreises der w-Ebene abgebildet. Um also die Aufgabe zu lösen, ein einfach zusammenhängendes Gebiet in das Innere eines Kreises abzubilden, kann auch die Aufgabe betrachtet werden, das abzubildende Gebiet in die obere Halbebene der komplexen Ebene abzubilden, da durch eine anschließende Abbildung die obere komplexe Halbebene in einen Kreis abgebildet werden kann.

Es können weitere Funktionen angegeben werden, die eine Abbildung auf das Innere eines Kreises bewirken.

2. Die in 3.5.1. betrachtete Potenzfunktion $w = z^n$ ($n \in \mathsf{N}$) bildete die z-Ebene auf die n-blättrige Riemannsche Fläche ab. Ein durch $0 \leqq \varphi < \dfrac{2\pi}{n}$ festgelegter Winkelbereich der z-Ebene konnte auf die einblättrige w-Ebene abgebildet werden, d. h., wir können den durch $0 \leqq \varphi < \dfrac{\pi}{n}$ festgelegten Winkelbereich der z-Ebene durch die Funktion $w = z^n$ auf die obere Halbebene der w-Ebene abbilden.

3. Durch die Funktion $w = e^z$ konnte ein Parallelstreifen (vgl. 3.5.4.) $-\pi < y \leqq \pi$ umkehrbar eindeutig auf die gesamte w-Ebene abgebildet werden. Bilden wir nun den Parallelstreifen $0 < y \leqq \pi$ durch die Funktion $w = e^z$ auf die w-Ebene ab, dann erhalten wir als Bild die obere Halbebene der w-Ebene.

4. Als abschließendes Beispiel wollen wir die Abbildung eines beschränkten Polygons in die obere Halbebene der w-Ebene erwähnen. Die Schwarz-Christoffelsche Formel, die die eben erwähnte Abbildung bewirkt, sei hier ohne Beweis genannt.

In der z-Ebene sei ein Polygon mit den n „Außenwinkeln" $\alpha_i\pi$ $(i = 1, 2, ..., n)$ gegeben. Da für ein n-Eck die Summe der „Außenwinkel" gleich 2π ist, gilt $\sum\limits_{i=1}^{n} \alpha_i = 2$. Durch die sog. Schwarz-Christoffelsche Formel

$$z = K_1 \int\limits_0^w \frac{dt}{(t - u_1)^{\alpha_1}(t - u_2)^{\alpha_2} \dots (t - u_n)^{\alpha_n}} + K_2 \tag{6.29}$$

wird das Innere G des Polygons (vgl. Bild 6.14) in die obere Halbebene abgebildet (vgl. Bild 6.15). Die u_i sind die den Ecken des Polygons zugeordneten Punkte der reellen Achse der w-Ebene. Die komplexen Konstanten K_1 und K_2 bewirken eine Drehstreckung und Translation, hängen also nicht von der Form, sondern nur von der Größe und Lage des Polygons in der z-Ebene ab.

Drei Punkte der z-Ebene können drei beliebigen Punkten der w-Ebene zugeordnet werden. Ordnet man einem Eckpunkt des Polygons den unendlich fernen Punkt der w-Ebene zu, z. B. $u_\infty = \infty$, dann ist das entsprechende Glied $(t - u_\infty)^{\alpha_\infty}$ in der

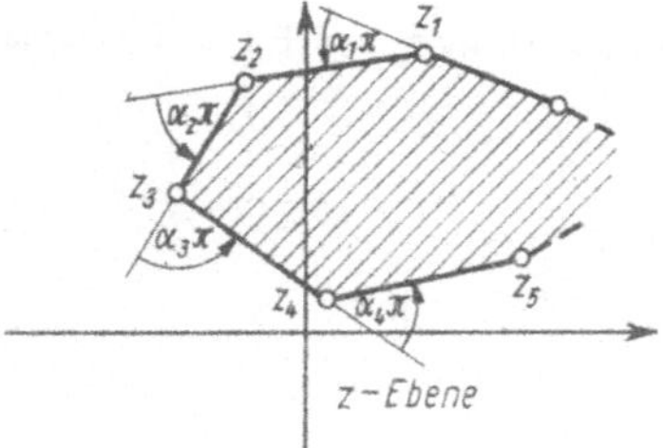

Bild 6.14. Zur Anwendung der
Schwarz-Christoffelschen Formel

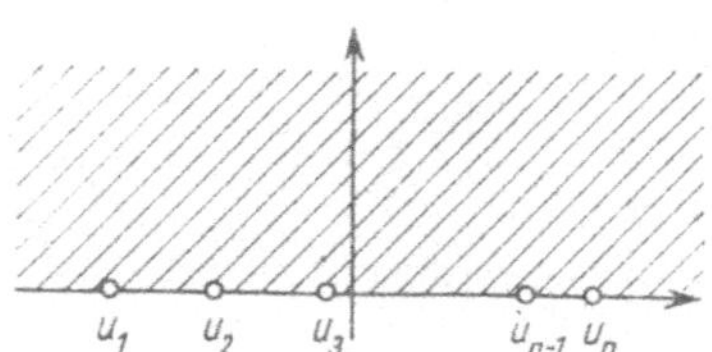

Bild 6.15. Zur Anwendung der
Schwarz-Christoffelschen Formel

Abbildungsformel (6.29) zu streichen. Artet das Polygon aus, z. B. in einen Halbstreifen, d. h., ein Eckpunkt des Polygons rückt in das Unendliche, dann ist der zugehörige Außenwinkel gleich π und damit $\alpha = 1$. Beispiele aus der Elektrotechnik zur Anwendung der Schwarz-Christoffelschen Formel findet der Leser z. B. in [15, S. 212 ff.].

Dieser Aufgabenstellung kommt insofern große Bedeutung zu, da in vielen Fällen praktisch wichtige Untersuchungen und Überlegungen oft an einfachen geometrischen Figuren durchgeführt werden können.

Lösungen der Aufgaben

2.1: a) Nach (2.5), (2.6) und (2.3) folgt:

$$|z| = \frac{|1 - j|\,|3 + 4j|}{|1 + j|\,|-2 - 2j|} = \sqrt{\frac{(1 + 1)(9 + 16)}{(1 + 1)(4 + 4)}} = \frac{5}{2\sqrt{2}} = \frac{5}{4}\sqrt{2}\,.$$

b)
$$|\mathfrak{Z}| = \frac{|R_1 + j\omega L|\left|R_2 + \dfrac{1}{j\omega C}\right|}{\left|(R_1 + R_2) + j\left(\omega L - \dfrac{1}{\omega C}\right)\right|} = \frac{\sqrt{R_1^2 + \omega^2 L^2}\,\sqrt{R_2^2 + \dfrac{1}{\omega^2 C^2}}}{\sqrt{(R_1 + R_2)^2 + \left(\omega L - \dfrac{1}{\omega C}\right)^2}}$$

$$|\mathfrak{Z}| = \sqrt{\frac{(R_1^2 + \omega^2 L^2)\left(R_2^2 + \dfrac{1}{\omega^2 C^2}\right)}{(R_1 + R_2)^2 + \left(\omega L - \dfrac{1}{\omega C}\right)^2}}\,.$$

2.2: a) Strecke von $z_1 = 1 - 2j$ bis $z_2 = 4 + j$ (Bild L 1).

b) Es liegt ein orientierter Teilkreis mit Mittelpunkt $z_0 = -2 + j$ und Radius $r_0 = 3$ vor (Bild L 2).

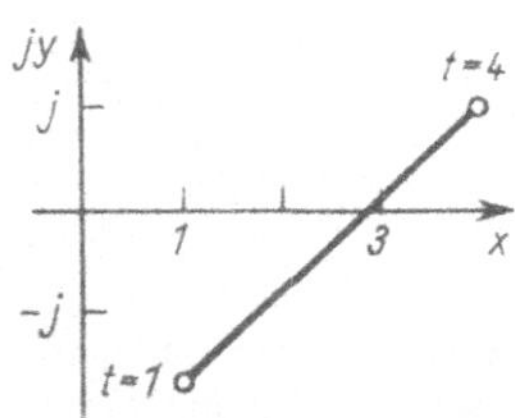

Bild L 1. z-Ebene

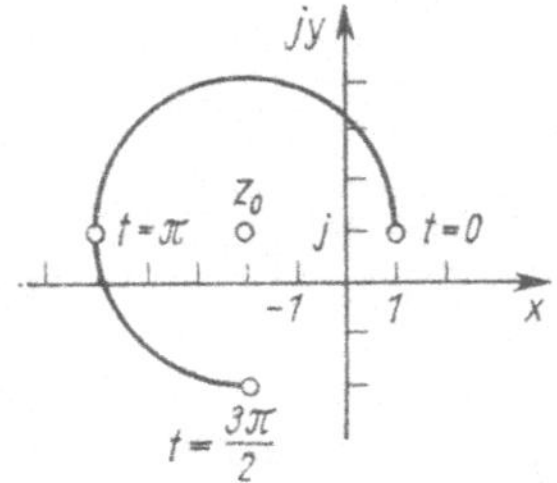

Bild L 2. z-Ebene

2.3: Für die Strecke s gilt allgemein bei linearer Teilung (2.25):

$$z = z_1 + t(z_2 - z_1) = -3j + t(-2 + 4j), \qquad 0 \leqq t \leqq 1.$$

Für den Kreis k lautet die Gleichung nach (2.26)

$$z(\varphi) = z_0 + r_0\,e^{j\varphi} = 1 + e^{j\varphi}, \qquad -\frac{\pi}{2} \leqq \varphi \leqq \pi.$$

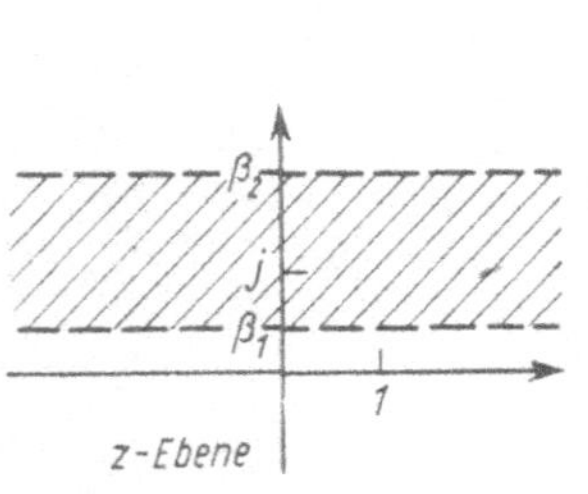

Bild L 3. z-Ebene

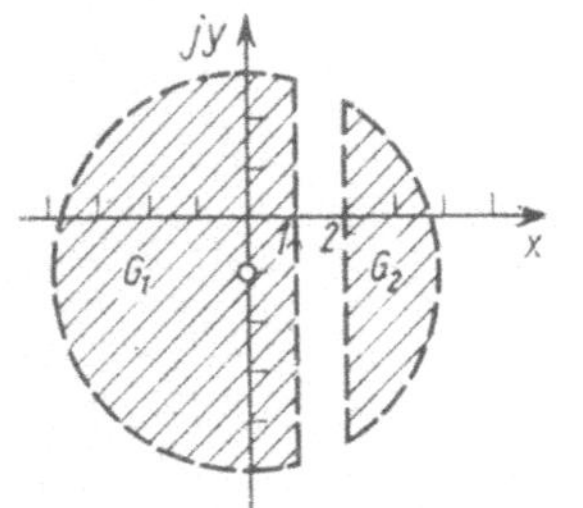

Bild L 4. z-Ebene

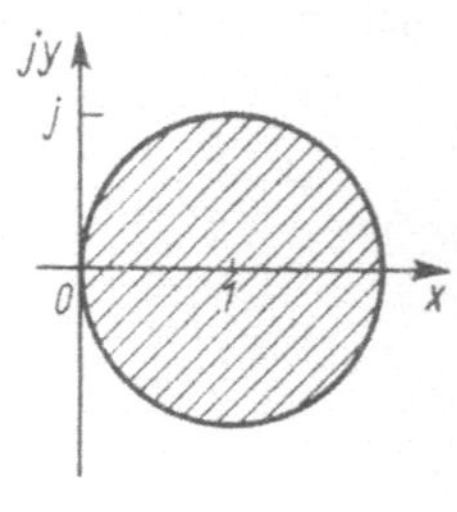

Bild L 5. z-Ebene

2.4: a) Bild L 3

    b) Bild L 4

    c) $|1 - 2z| \leqq |1 + z|, \quad z = x + jy;$

$$(1 - 2z)(1 - 2\bar{z}) \leqq (1 + z)(1 + \bar{z}) \Rightarrow x^2 - 2x + y^2 \leqq 0,$$

$$(x - 1)^2 + y^2 \leqq 1. \text{ (Kreisfläche) Bild L 5.}$$

2.5: a) Kreisgleichung k: $z - 1 = 2$. Geradengleichung für g: Re $(z) > 1$. Für das Gebiet G gilt somit: $G = \{z: |z - 1| \leqq 2 \wedge \mathrm{Re}\,(z) > 1\}$.

b) Kreisgleichung k: $|z - (-1 + 2j)| = 3$. Die Fläche des Rechtecks R wird beschrieben durch $-3 < \mathrm{Re}\,(z) < 1 \wedge 1 < \mathrm{Im}\,(z) < 3$. Für das zweifach zusammenhängende Gebiet G gilt also

$$G = \{z: |z + 1 - 2j| < 3 \wedge -3 < \mathrm{Re}\,(z) < 1 \wedge 1 < \mathrm{Im}\,(z) < 3\}.$$

c) $z \neq 0$. S_1 kann durch $\arg z = \dfrac{\pi}{6}$ und S_2 durch $\arg z = \dfrac{\pi}{3}$ beschrieben werden. Für das schraffierte Gebiet gilt somit $\dfrac{\pi}{6} < \arg z < \dfrac{\pi}{3}$ und $z \neq 0$.

2.6: Re $(z^2) = x^2 - y^2 \leqq a$. Bild L 6 und L 7

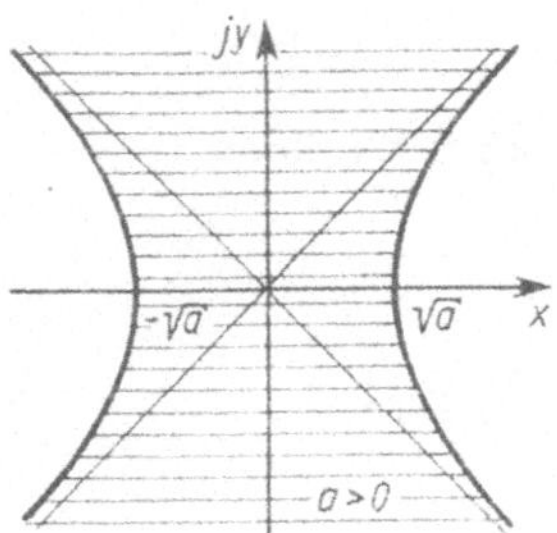

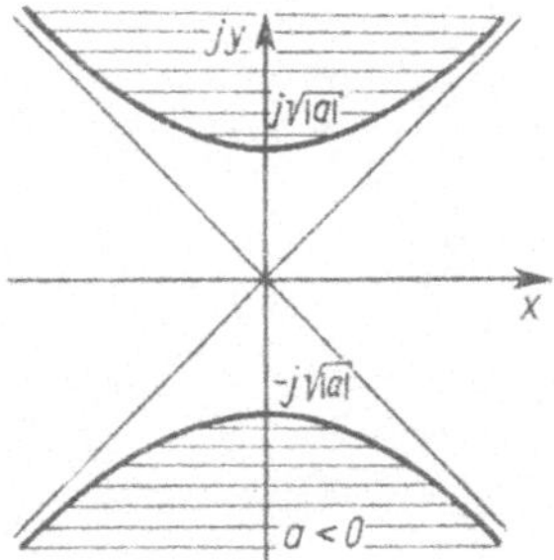

Bild L 6. z-Ebene   Bild L 7. z-Ebene

3.1:

$$w = \frac{j}{z - |z|} = \frac{j}{x - |z| + jy} = \frac{j(x - |z| - jy)}{(x - |z|)^2 + y^2},$$

$$u = \frac{y}{(x - |z|)^2 + y^2}, \quad v = \frac{x - |z|}{(x - |z|)^2 + y^2}.$$

3.2: Nach (2.23) lautet die Parametergleichung einer zur reellen Achse parallelen Geraden in der z-Ebene g: $z(t) = x(t) + jc$ (c reell). Wählt man auf g eine lineare Teilung und faßt c als Scharparameter auf, dann stellt $z(t) = t + jc$ mit $c > 0$ (reell), $-\infty < t < \infty$, die Gleichung der in Bild 3.6 abgebildeten Geradenschar dar.
Die Abbildung ergibt

$$w = z^2 = t^2 - c^2 + j \cdot 2ct = u + jv.$$

8*

Mit $u = t^2 - c^2$ und $v = 2ct$ folgt durch Elimination von t eine nach rechts offene Parabelschar

$$u + c^2 = \frac{1}{4c^2},$$

deren Brennpunkte mit dem Nullpunkt zusammenfallen. Für das Bild der reellen Achse der z-Ebene, d. h. für $c = 0$, folgt aus $u = t^2, v = 0$

$$w = t^2,$$

d. h. die positive reelle Achse der w-Ebene. Durchläuft ein Punkt die reelle Achse von links nach rechts, dann durchläuft der entsprechende Bildpunkt wegen $t \in (-\infty, +\infty)$ die positive reelle Achse der w-Ebene zunächst von rechts ($w = \infty$) nach links bis $w = 0$ und anschließend von links ($w = 0$) nach rechts ($w = \infty$) (Bild L 8).

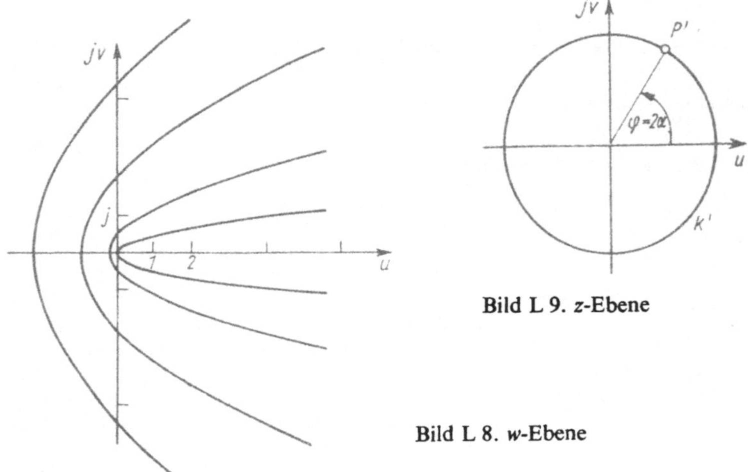

Bild L 9. z-Ebene

Bild L 8. w-Ebene

Parametergleichung des Halbkreises der z-Ebene

$$k:\ z = r\,e^{jt}, \qquad r > 0, \qquad 0 \leqq t < \pi.$$

Die Abbildung $w = z^2$ ergibt

$$k':\ w = z^2 = r^2\,e^{j2t} = R\,e^{j\varphi}, \qquad R = r^2 > 0, \qquad 0 \leqq \varphi < 2\pi.$$

k' stellt die Gleichung eines Kreises um den Nullpunkt mit Radius $R = r^2$ in der w-Ebene dar. Die Halbkreise k der z-Ebene werden somit in Kreise k' der w-Ebene abgebildet. Wird in k ein Kreisbogen mit dem Mittelpunktswinkel $t = \alpha$ (α konstant) durchlaufen, dann durchläuft der entsprechende Bildpunkt auf k' den zum doppelten Mittelpunktswinkel $\varphi = 2t = 2\alpha$ gehörenden Kreisbogen im gleichen Umlaufsinn (Bild L 9).

3.3: a) $f(z) = x^3 y^2 - jx^2 y^3$, $u = x^3 y^2$, $u_x = 3x^2 y^2$, $u_y = 2x^3 y$, $v = -x^2 y^3$, $v_x = -2xy^3$, $v_y = -3x^2 y^2$. Die Cauchy-Riemannschen Differentialgleichungen sind nur für Punkte der reellen und der imaginären Achse erfüllt, also ist $f(z)$ auch nur für diese Punkte differenzierbar. Nach (3.17) folgt für diese Punkte

$$f'(z) = 0.$$

b) $\qquad f(z) = \dfrac{\bar{z}}{z} = \dfrac{x - jy}{x + jy} = \dfrac{(x - jy)^2}{x^2 + y^2}, \qquad u = \dfrac{x^2 - y^2}{x^2 + y^2}, \qquad u_x = \dfrac{4xy^2}{(x^2 + y^2)^2},$

$$u_y = \dfrac{-4x^2 y}{(x^2 + y^2)^2},$$

$$v = \dfrac{-2xy}{x^2 + y^2}, \qquad v_x = 2y\,\dfrac{x^2 - y^2}{(x^2 + y^2)^2}, \qquad v_y = 2x\,\dfrac{-x^2 + y^2}{(x^2 + y^2)^2}\,.$$

Die Cauchy-Riemannschen Differentialgleichungen (3.16) werden nicht erfüllt, d. h., $f(z)$ ist nirgends differenzierbar.

c) $f(z) = 1 - \dfrac{1}{z}$, $f'(z) = \dfrac{1}{z^2}$: $f(z)$ ist holomorph für $z \neq 0$.

3.4: a) $u = g(x)$, $u_x = g'(x)$, $u_{xx} = g''(x)$, $u_y = u_{yy} = 0$. Aus $u_{xx} + u_{yy} = 0$ folgt $g''(x) = 0$ und durch zweimalige Integration $g(x) = C_1 x + C_2$. Mit $u = g(x)$ gilt $u_x = C_1$, $u_{xx} = 0$. Unter Anwendung von (3.16) folgt $v_y = u_x = C_1$ und daraus $v = C_1 y + \varphi(x)$, $v_x = \varphi'(x) = -u_y$, $\varphi'(x) = 0$, $\varphi(x) = C_2$. Damit ergibt sich $v = C_1 y + C_2$ und $f(z) = C_1 x + C_2 + j(C_1 y + C_2) = C_1 z + C_2(1 + j) = C_1 z + C$.

b) $\qquad v = ax^2 + bxy + cy^2$, $\quad v_x = 2ax + by$, $\quad v_{xx} = 2a$, $\quad v_y = bx + 2cy$, $\quad v_{yy} = 2c$.

$\qquad v_{xx} + v_{yy} = 0$: $2a + 2c = 0 \Rightarrow c = -a$, $\qquad v = a(x^2 - y^2) + bxy$.

Nach (3.16) gilt

$$u_x = v_y = bx - 2ay, \qquad u = \tfrac{1}{2}bx^2 - 2axy + \varphi(y), \qquad u_y = -2ax + \varphi'(y) = -v_x.$$

$$-2ax + \varphi'(y) = -2ax - by \Rightarrow \varphi'(y) = -by, \qquad \varphi(y) = -\tfrac{1}{2}by^2 + C.$$

Für u folgt dann

$$u = \tfrac{1}{2}bx^2 - 2axy - \tfrac{1}{2}by^2 + C = \tfrac{1}{2}b(x^2 - y^2) - 2axy + C.$$

$$f(z) = \tfrac{1}{2}b(x^2 - y^2) - 2axy + C + j[a(x^2 - y^2) + bxy].$$

Mit $f(1 + j) = 0$ erhält man

$$0 = -2a + C + jb \Rightarrow C = 2a, \qquad b = 0. \qquad f(z) = 2a(1 - xy) + ja(x^2 - y^2).$$

3.5: $\qquad w = f(z) = \dfrac{1}{z^2} = \dfrac{1}{r^2}\,\mathrm{e}^{-2j\varphi} = \dfrac{1}{r^2}\,(\cos 2\varphi - j \sin 2\varphi).$

$$f(z) = U(x, y) + jV(x, y) = \widetilde{U}(r, \varphi) + j\widetilde{V}(r, \varphi).$$

Äquipotentiallinien: $\widetilde{U} = \text{const} = c_1^*$: $\quad c_1^* = \dfrac{1}{r^2}\cos 2\varphi \Rightarrow r^2 = c_1 \cos 2\varphi$;

Stromlinien: $V = \text{const} = c_2^*$: $\quad c_2^* = -\dfrac{1}{r^2}\sin 2\varphi \Rightarrow r^2 = -c_2 \sin 2\varphi$.

3.6: Nullstellen des Nenners: $(z^2 - 2z)\,[z^2 - 2(1 - j)\,z - 2j] = 0$.

1. $\qquad z(z - 2) = 0 \Rightarrow z_1 = 0, \qquad z_2 = 2$;

2. $\qquad z^2 - 2(1 - j)\,z - 2j = 0 \Rightarrow z_3 = z_4 = (1 - j).$

$$\text{Ansatz:} \quad f(z) = \frac{A_1}{z} + \frac{A_2}{z-2} + \frac{A_{31}}{[z-(1-j)]^2} + \frac{A_{32}}{z-(1-j)},$$

$$A_1 = 1 + j, \quad A_2 = -2 + j, \quad A_{31} = j, \quad A_{32} = 0,$$

$$f(z) = \frac{1+j}{z} - \frac{2-j}{z-2} + \frac{j}{[z-(1-j)]^2}.$$

3.7: a) $\quad e^z = e^{x+jy} = e^x (\cos y + j \sin y), \quad e^{\bar{z}} = e^{x-jy} = e^x (\cos y - j \sin y),$

$\overline{e^z} = e^x (\cos y - j \sin y) \Rightarrow e^{\bar{z}} = \overline{e^z}.$

b) Nach (3.58) gilt

$$\sin (z + 2\pi) = \frac{1}{2j} [e^{j(z+2\pi)} - e^{-j(z+2\pi)}].$$

Unter Anwendung von (3.45) folgt daraus

$$\sin (z + 2\pi) = \frac{1}{2j} (e^{jz} - e^{-jz}).$$

und nach (3.58)

$$\sin(z + 2\pi) = \sin z.$$

c) Nach (3.45), (3.57) und (3.58) gilt

$$\tan (z + 2\pi) = \frac{1}{j} \frac{e^{j(z+2\pi)} - e^{-j(z+2\pi)}}{e^{j(z+2\pi)} + e^{-j(z+2\pi)}} = \frac{1}{j} \frac{e^{jz} - e^{-jz}}{e^{jz} + e^{-jz}} = \tan z.$$

d) Mit $z = -j$, $|z| = 1$, $\arg z = -\dfrac{\pi}{2}$ und (3.48) folgt

$$\text{Log} (-j) = \ln 1 + j\left(-\frac{\pi}{2}\right) = -j\frac{\pi}{2}.$$

e) Nach (3.57) und (3.70) gilt

$$\cos jz = \tfrac{1}{2} (e^{j \cdot jz} + e^{-j \cdot jz}) = \tfrac{1}{2}(e^{-z} + e^{z}) = \cosh z.$$

Unter Beachtung von $\cos \alpha = \sin \left(\dfrac{\pi}{2} - \alpha\right)$ ergibt sich

$$\cosh (x + jy) = \cos j(x + jy) = \cos (-y + jx) = \sin \left(\frac{\pi}{2} + y - jx\right).$$

3.8: a) $\quad \cos \left(j\dfrac{\pi}{2}\right) = \cosh \dfrac{\pi}{2} = 2{,}5092;$

b) $\quad \sin (1 - j) = \sin 1 \cosh 1 - j \cos 1 \sinh 1 = 1{,}2985 - j \cdot 0{,}6350;$

c) $\quad \cosh [\pi(1 + j)] = \cosh \pi \cos \pi + j \sinh \pi \sin \pi = -11{,}5920.$

3.9: a) Nach (3.69) folgt

$$\tan 2x = \frac{4 \cos 80°}{-3} = -0{,}2315 \Rightarrow x = 0{,}1137,$$

$$\tanh 2y = \frac{4 \sin (-80°)}{5} = 0{,}7878 \Rightarrow y = 0{,}6837.$$

3.10: a) $\left(\dfrac{1}{1 - \cos z}\right)' = \dfrac{-\sin z}{(1 - \cos z)^2}$.

b) $\qquad w = \dfrac{\sinh z}{1 - \cosh 2z} = \dfrac{-1}{2 \sinh z}$, $\qquad w' = \dfrac{\cosh z}{2 \sinh^2 z}$.

c) $\qquad w' = \dfrac{-2\,e^{2z}}{(e^{2z} - 1)^2}$.

4.1: a) $\quad \mathfrak{C}_1 : z(t) = -1 + t(2 + \mathrm{j}), \qquad 0 \leqq t \leqq 1, \qquad \dot z(t) = 2 + \mathrm{j}$.

$$I_1 = \frac{1}{e} \int_0^1 e^{t(2+\mathrm{j})}\,(2 + \mathrm{j})\,\mathrm{d}t = \frac{1}{e}\,[e^{t(2+\mathrm{j})}]_0^1 = \frac{1}{e}\,(e^{2+\mathrm{j}} - 1).$$

b) $\quad \mathfrak{C}_{21} : z(t) = -1 + 2t, \qquad 0 \leqq t \leqq 1, \qquad \dot z(t) = 2$,

$$I_{21} = \frac{1}{e} \int_0^1 e^{2t}\,2\,\mathrm{d}t = \frac{1}{e}\,(e^2 - 1).$$

$\qquad \mathfrak{C}_{22} : z(t) = 1 + t\mathrm{j}, \qquad \dot z(t) = \mathrm{j}, \qquad 0 \leqq t \leqq 1$

$$I_{22} = \int_0^1 e^{1+\mathrm{j}t}\mathrm{j}\,\mathrm{d}t = e(e^{\mathrm{j}} - 1) = \frac{1}{e}\,(e^{2+\mathrm{j}} - e^2).$$

$$I_1 = I_{21} + I_{22}.$$

4.2: Gleichung des Kreises $z(t) = z_0 + \varrho\,e^{\mathrm{j}t}$, $0 \leq t \leq 2\pi$, $\dot z(t) = \varrho\mathrm{j}\,e^{\mathrm{j}t}$. Nach (4.3) folgt

$$I = \int_0^{2\pi} (z_0 + \varrho\,e^{\mathrm{j}t} - z_0)^n\,\varrho\mathrm{j}\,e^{\mathrm{j}t}\mathrm{d}t = \varrho^{n+1}\mathrm{j} \int_0^{2\pi} e^{\mathrm{j}(n+1)t}\,\mathrm{d}t,$$

$$n \neq -1: \ I = \mathrm{j}\varrho^{n+1} \int_0^{2\pi} [\cos(n+1)\,t + \mathrm{j}\sin(n+1)\,t]\,\mathrm{d}t,$$

$$I = \frac{\mathrm{j}\varrho^{n+1}}{n+1}\,[\sin(n+1)\,t - \mathrm{j}\cos(n+1)\,t]_0^{2\pi} = 0.$$

$$n = -1: \ I = \oint_{\mathfrak{C}} \frac{1}{z - z_0}\,\mathrm{d}z = \int_0^{2\pi} \frac{1}{\varrho\,e^{\mathrm{j}t}}\,\varrho\mathrm{j}\,e^{\mathrm{j}t}\,\mathrm{d}t = 2\pi\mathrm{j}.$$

$$\oint_{\mathfrak{C}} (z - z_0)^n\,\mathrm{d}z = \begin{cases} 0 & \text{für} \quad n \neq -1, \\ 2\pi\mathrm{j} & \text{für} \quad n = -1. \end{cases}$$

4.3: $\mathfrak{C} : z(t) = \varrho\,e^{\mathrm{j}t}$, $0 \leq t \leq 2\pi$, $\mathrm{d}z = \varrho\mathrm{j}\,e^{\mathrm{j}t}\,\mathrm{d}t$. Nach (4.8) ergibt sich

$$\left|\int_{\mathfrak{C}} z^n\,\mathrm{d}z\right| \leq \int_0^{2\pi} |\varrho^n\,e^{\mathrm{j}nt}|\,|\varrho\mathrm{j}\,e^{\mathrm{j}t}\,\mathrm{d}t|,$$

$$\left|\int_{\mathfrak{C}} z^n\,\mathrm{d}z\right| \leq \int_0^{2\pi} \varrho^{n+1}\,\mathrm{d}t = 2\pi\varrho^{n+1}.$$

4.4: $f(z) = \dfrac{1}{(z - z_0)^n}$ ist für $z \neq z_0$ holomorph.

a) Da der Punkt z_0 von der Ellipse nicht umschlossen wird, gilt nach (4.10)

$$\oint\limits_{\mathfrak{C}_1} \frac{dz}{(z - z_0)^n} = 0.$$

b) Nach dem Ergebnis von Aufgabe 4.2 gilt für $z \neq z^0$

$$\oint\limits_{\mathfrak{C}_2} \frac{dz}{(z - z_0)^n} = \begin{cases} 0 & \text{für } n \neq 1, \\ 2\pi j & \text{für } n = 1. \end{cases}$$

c) Es gilt nach (4.14) das gleiche Ergebnis wie unter b).

4.5: a) Nach (3.49) ist $F(z) = \mathrm{Log}\,(z - z_0)$ in $-\pi < \arg (z - z_0) \leqq \pi$ eine Stammfunktion zu

$$f(z) = \frac{1}{z - z_0}.$$

b) Partialbruchzerlegung

$$f(z) = \frac{1}{a^2 + z^2} = \frac{1}{2aj} \left(\frac{1}{z - ja} - \frac{1}{z + ja} \right),$$

$$F(z) = \frac{1}{2aj} \left[\mathrm{Log}\,(z - ja) - \mathrm{Log}\,(z + ja) \right].$$

Da $\mathrm{Log}\,(z - ja)$ in $-\pi < \arg (z - ja) \leqq \pi$ $(z \neq ja)$ und $\mathrm{Log}\,(z + ja)$ in $-\pi < \arg (z + ja) \leqq \pi$ $(z \neq -ja)$ holomorph sind, kann das Holomorphiegebiet für $F(z)$ als einfach zusammenhängendes Gebiet angegeben werden (Bild L 10).

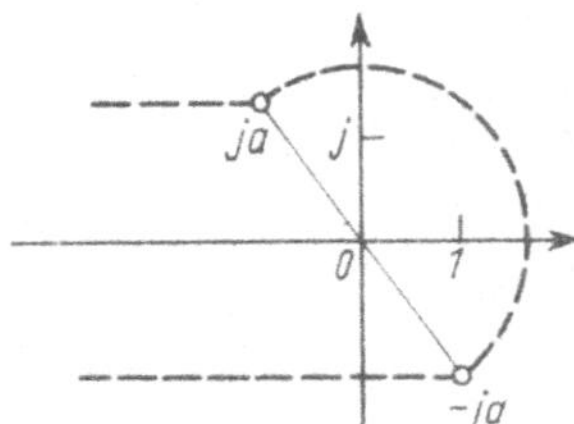

Bild L 10. z-Ebene

4.6: Schneiden wir die z-Ebene längs des von $z = z_0$ ausgehenden parallel zur reellen Achse nach links bis ins Unendliche verlaufenden Strahles auf, so ist $f(z)$ in dieser aufgeschlitzten z-Ebene holomorph, und dort gilt für

$$n = 1: \quad \int\limits_a^b \frac{dz}{z - z_0} = \mathrm{Log}\,(z - z_0)\Big|_a^b = \mathrm{Log}\,(b - z_0) - \mathrm{Log}\,(a - z_0).$$

$$n \neq 1: \quad \int\limits_a^b \frac{dz}{(z - z_0)^n} = \frac{1}{-n + 1}(z - z_0)^{-n+1}\Big|_a^b = \frac{1}{1 - n}\left[(b - z_0)^{1-n} - (a - z_0)^{1-n}\right].$$

4.7: Nach (4.20) folgt

$$\int z \sin z \, dz = z \cos z + \int \cos z \, dz = -z \cos z + \sin z.$$

a) $\qquad \displaystyle\int\limits_{1}^{-1} z \sin z \, dz = (-z \cos z + \sin z)\Big|_{1}^{-1} = -1{,}683.$

b) $\qquad \displaystyle\oint z \sin z \, dz = 0.$

4.8: Partialbruchzerlegung:

$$\frac{1}{z^2 - (1+j)z + j} = \frac{1}{1-j}\left(\frac{1}{z-1} - \frac{1}{z-j}\right).$$

$$I = \oint\limits_{\mathfrak{C}} \frac{z^2 + jz}{z^2 - (1+j)z + j}\, dz = \frac{1}{1-j}\left\{\oint\limits_{\mathfrak{C}} \frac{z^2 + jz}{z-1}\, dz - \oint\limits_{\mathfrak{C}} \frac{z^2 + jz}{z-j}\, dz\right\} = I_1 + I_2.$$

a) $I' = I_1$, da $I_2 = 0$, Punkt $z_0 = j$ wird von $\mathfrak{C}_1$ nicht umschlossen. Mit $f(z) = z^2 + jz$ folgt aus (4.22′)

$$I' = \frac{1}{1-j}\oint\limits_{\mathfrak{C}_1} \frac{z^2 + jz}{z-1}\, dz = \frac{1}{1-j}\,2\pi j f(1) = \frac{1}{1-j}\,2\pi j(1+j) = -2\pi.$$

b) $I'' = 0$, da $\mathfrak{C}_2$ die beiden Punkte $z_{01} = 1$ und $z_{02} = j$ nicht umschließt.

c) $\qquad \displaystyle I''' = I_2 = \frac{-1}{1-j}\oint\limits_{\mathfrak{C}_1} \frac{z^2 + jz}{z-j}\, dz = \frac{-1}{1-j}\,2\pi j f(j) = 2\pi(-1+j).$

d) $\qquad I = I' + I''' = 2\pi(-2 + j)$ (Bild L 11).

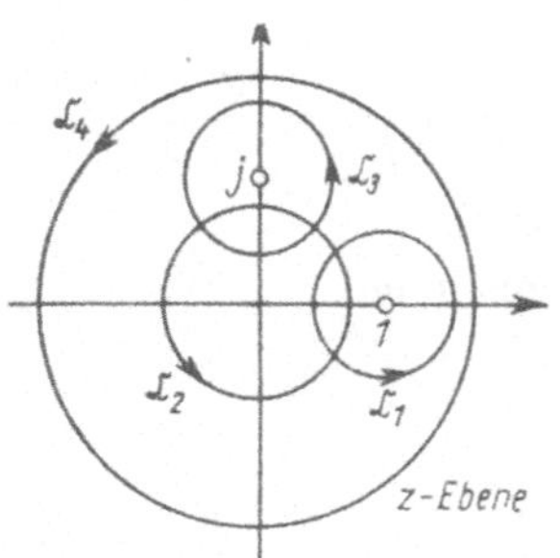

Bild L 11. z-Ebene

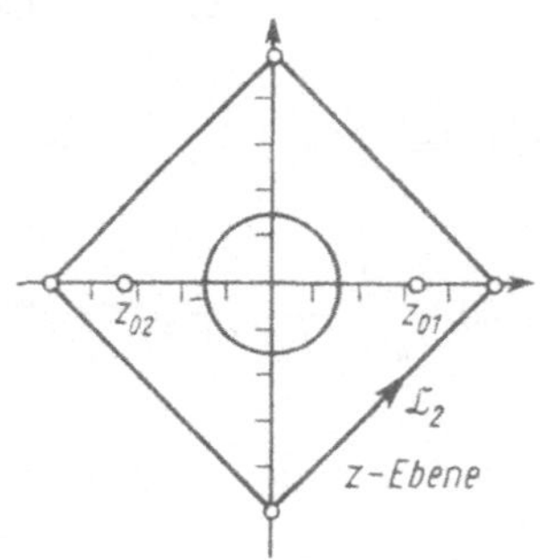

Bild L 12. z-Ebene

4.9: Partialbruchzerlegung:

$$\frac{z \cos z}{z^2 - \pi^2} = \frac{1}{2\pi}\left(\frac{z \cos z}{z - \pi} - \frac{z \cos z}{z + \pi}\right) \quad \text{(Bild L 12)}.$$

$$I = \frac{1}{2\pi}\left\{\oint\limits_{\mathfrak{C}} \frac{z \cos z}{z - \pi}\, dz - \oint\limits_{\mathfrak{C}} \frac{z \cos z}{z + \pi}\, dz\right\}.$$

a) $I = 0$, die beiden Punkte $z_{01} = \pi$ und $z_{02} = -\pi$ werden von $\mathfrak{C}_1$ nicht umschlossen.

b)
$$I = \frac{1}{2\pi}\left\{ \oint_{\mathfrak{C}_2} \frac{z\cos z}{z - \pi}\,dz - \oint_{\mathfrak{C}_2} \frac{z\cos z}{z + \pi}\,dz \right\}, \text{ und mit } f(z) = z\cos z \text{ folgt}$$

$$I = \frac{2\pi j}{2\pi}\{f(\pi) - f(-\pi)\} = \frac{2\pi j}{2\pi}\{\pi\cos\pi + \pi\cos\pi\} = -2\pi j.$$

4.10: Nach (4.24) gilt mit $f(z) = e^z$

$$f''(2) = \frac{2!}{2\pi j}\oint_{\mathfrak{C}} \frac{e^z}{(z-2)^3}\,dz \Rightarrow \oint_{\mathfrak{C}} \frac{e^z}{(z-2)^3}\,dz = \frac{f''(2)\,2\pi j}{2!} = \pi e^2 j.$$

5.1: $\dfrac{v\,j}{v+j} = \dfrac{v}{v^2+1} + j\,\dfrac{v^2}{v^2+1}$. Da $\dfrac{v^2}{v^2+1} \geqq \dfrac{v}{v^2+1} \geqq \dfrac{v}{v^2+v^2} = \dfrac{1}{2v}$ gilt, existiert eine divergente Minorante, somit ist die gegebene Reihe ebenfalls divergent.

5.2: $c_v = \dfrac{1}{v^v}$. Nach (5.12) folgt $r = \dfrac{1}{\lim\limits_{v\to\infty}\sqrt[v]{\dfrac{1}{v^v}}} = \lim\limits_{v\to\infty} v = \infty$. Die Reihe ist beständig konvergent.

5.3: a) $\quad f(z) = \dfrac{1}{(1+z)^n} = \sum\limits_{v=0}^{\infty} \binom{-n}{v} z^v, \quad r = 1 \quad (|z| < 1).$

b) $\quad f(z) = 2\sin^2 z = \sum\limits_{n=1}^{\infty} (-1)^{n+1}\,\dfrac{2^{2n}}{(2n)!}\,z^{2n}, \quad r = \infty.$

5.4: a) $\quad f_{11}(z) = \sum\limits_{n=0}^{\infty} \dfrac{1}{(1+\frac{1}{2})^{n+1}}\left(z + \dfrac{1}{2}\right)^n = \sum\limits_{n=0}^{\infty} \left(\dfrac{2}{3}\right)^{n+1}\left(z + \dfrac{1}{2}\right)^n, \quad r_{11} = \dfrac{3}{2} \quad \text{(Bild L 13)},$

b) $\quad f_{12}(z) = \sum\limits_{n=0}^{\infty} \dfrac{1}{(1+j)^{n+1}}\,(z + j)^n, \quad r_{12} = \sqrt{2} \quad \text{(Bild L 13)}.$

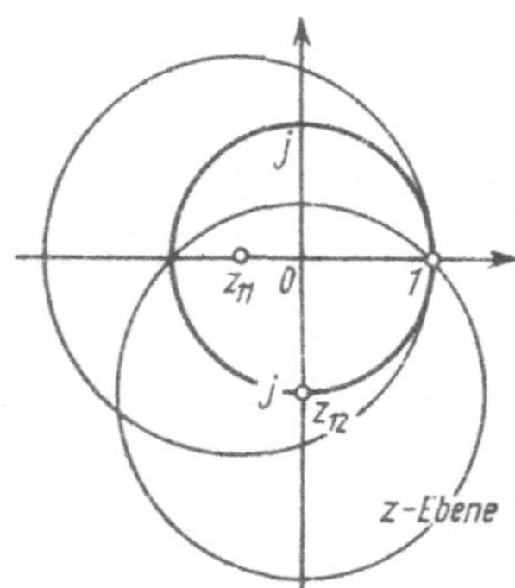

Bild L 13. z-Ebene

5.5: Da $|a| < |b|$ gilt, kann die Laurententwicklung für das im Bild L 14 eingezeichnete Ringgebiet G erfolgen. Partialbruchzerlegung:

$$f(z) = \frac{1}{(z-a)(z-b)} = \frac{1}{a-b}\frac{1}{z-a} - \frac{1}{a-b}\frac{1}{z-b} = \frac{1}{a-b}\frac{1}{z\left(1 - \dfrac{a}{z}\right)}$$

$$+ \frac{1}{a-b}\frac{1}{b\left(1 - \dfrac{z}{b}\right)},$$

$$f(z) = \frac{1}{(z-a)(z-b)} = \frac{1}{a-b}\left\{\sum_{n=1}^{\infty}\frac{a^{n-1}}{z^n} + \sum_{n=0}^{\infty}\frac{z^n}{b^{n+1}}\right\}, \quad |a| < |z| < |b|.$$

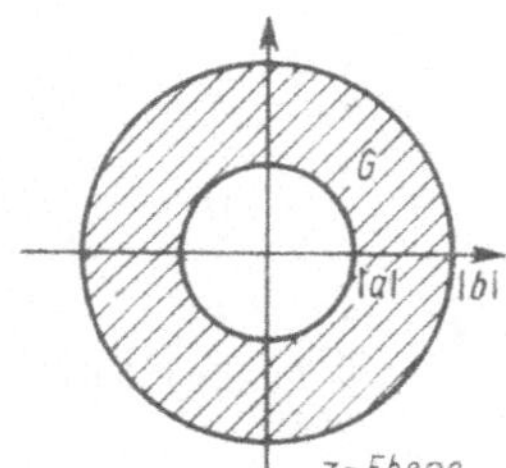

Bild L 14. z-Ebene

5.6: Polstellen:

$$z^2 + 1 = 0 \Rightarrow z_{01} = j, \quad z_{02} = -j. \quad f(z) = \frac{z}{(z+j)(z-j)}.$$

Entwicklung an der Stelle $z_{01} = j$:

$$f(z) = \frac{(z-j)+j}{(z-j+2j)(z-j)} = \frac{1}{2j\left(1 - \dfrac{j-z}{2j}\right)}\left(1 + \frac{j}{z-j}\right).$$

Für $\left|\dfrac{j-z}{2j}\right| < 1 \Rightarrow |z-j| < 2$

gilt dann die Reihenentwicklung

$$f(z) = \frac{1}{2j}\left(1 + \frac{j}{z-j}\right)\sum_{n=0}^{\infty}\left(\frac{j-z}{2j}\right)^n = \frac{1}{2j}\left(1 + \frac{j}{z-j}\right)\sum_{n=0}^{\infty}\left(\frac{j}{2}\right)^n(z-j)^n,$$

$$f(z) = \frac{1}{2j}\left(1 + \frac{j}{z-j}\right)\left[1 + \frac{j}{2}(z-j) - \frac{1}{4}(z-j)^2 - \frac{j}{8}(z-j)^3 + \ldots\right],$$

$$f(z) = \frac{1}{2j}\left[\frac{j}{z-j} + \frac{1}{2} + \frac{j}{4}(z-j) - \frac{1}{8}(z-j)^2 + \frac{j}{16}(z-j)^3 + \ldots\right],$$

$$f(z) = \frac{1}{2(z-j)} + \frac{1}{2(2j)} - \frac{1}{2(2j)^2}(z-j) + \frac{1}{2(2j)^3}(z-j)^2 - \frac{1}{2(2j)^4}(z-j)^3 + \ldots$$

Entwicklung an der Stelle $z_{02} = -j$:

$$f(z) = \frac{1}{2(z + j)} + \frac{j}{2^2} + \frac{1}{2^3}(z + j) - \frac{j}{2^4}(z + j)^2 - \frac{1}{2^5}(z + j)^3 + \dots .$$

5.7: a) $f(z) = \frac{1}{a - b}\left\{\sum_{n=1}^{\infty} \frac{a^{n-1}}{z^n} - \sum_{n=0}^{\infty} \frac{z^n}{b^{n+1}}\right\},$ $\operatorname{Res} \frac{1}{(z - a)(z - b)}\bigg|_{z_0=0} = \frac{1}{a - b}.$

b) $\operatorname{Res} \frac{z}{1 + z^2}\bigg|_{z_0=j} = \frac{1}{2}.$

c) $\operatorname{Res} \frac{z}{1 + z^2}\bigg|_{z=-j} = \frac{1}{2}.$

5.8: a) $f(z) = e^{1/z} = 1 + \frac{1}{z} + \frac{1}{2!\, z^2} + \frac{1}{3!\, z^3} + \dots,$ $\operatorname{Res} e^{1/z}\big|_{z_0=0} = 1.$

b) Für jedes $k = 0, 1, 2, \dots$ liegt eine einfache Polstelle vor.

$$\operatorname{Res}(\tan z)\bigg|_{z_0 = \frac{\pi}{2} + k\pi} = \lim_{z \to \frac{\pi}{2} + k\pi} \frac{(\sin z)\left(z - \frac{\pi}{2} - k\pi\right)}{\cos z} = -1 \quad \text{für jedes } k.$$

5.9: Wegen $\cos z - 1 = -\frac{z^2}{2!} + \frac{z^4}{4!} - \frac{z^6}{6!} + \dots$ liegt bei $z=0$ eine Polstelle zweiter Ordnung vor.

a) $z_0 = 0$ wird von $\mathfrak{C}$ umschlossen, also folgt nach (5.37)

$$\operatorname{Res} \frac{1}{\cos z - 1}\bigg|_{z_0=0} = \lim_{z \to 0}\left[\frac{(z - 0)^2}{\cos z - 1}\right] = \lim_{z \to 0} \frac{(\cos z - 1)\, 2z + z^2 \sin z}{(\cos z - 1)^2} = 0.$$

(Der Grenzwert kann mit Hilfe einer Reihenentwicklung ermittelt werden.) Für das Integral erhalten wir somit

$$\oint_{\mathfrak{C}} \frac{dz}{\cos z - 1} = 2\pi j \operatorname{Res} \frac{1}{\cos z - 1}\bigg|_{z_0=0} = 0.$$

b) Da $\mathfrak{C}$ keine singulären Stellen des Integranden umschließt, folgt nach (4.10)

$$\oint_{\mathfrak{C}} \frac{dz}{\cos z - 1} = 0.$$

5.10: a) Mit (5.41) und (5.42) ergibt sich

$$\int_0^{2\pi} \frac{dt}{5 + 4\cos t} = \oint_{\mathfrak{C}} \frac{\left(-\dfrac{j}{z}\right) dz}{5 + 4 \cdot \dfrac{1}{2}\left(z + \dfrac{1}{z}\right)} = \oint_{\mathfrak{C}} \frac{-j\, dz}{2z^2 + 5z + 2},$$

d. h., es liegen Pole bei $z_1 = \dfrac{-1}{2}$ und $z_2 = -2$. Da nur z_1 innerhalb des Einheitskreises liegt, folgt nach (5.43)

$$\oint_{\mathfrak{C}} \frac{-\mathrm{j}\,\mathrm{d}z}{2z^2 + 5z + 2} = 2\pi\mathrm{j}\,\operatorname{Res} R^*(z)\bigg|_{z=-\frac{1}{2}} = 2\pi\mathrm{j} \lim_{z \to -\frac{1}{2}} \left[\left(z + \frac{1}{2}\right) \frac{-\mathrm{j}}{2\left(z + \frac{1}{2}\right)(z + 2)} \right]$$

$$= \frac{2\pi}{3} .$$

b) $f(z) = \dfrac{1}{(1 + z^2)^3}$ ist in der oberen Halbebene überall außer in $z_0 = \mathrm{j}$ (Pol 3. Ordnung), holomorph. Nach (5.37) folgt

$$\operatorname{Res} \frac{1}{(1 + z^2)^3}\bigg|_{z=\mathrm{j}} = \frac{1}{2!} \lim_{z \to \mathrm{j}} \left\{ (z - \mathrm{j})^3 \frac{1}{[(z + \mathrm{j})(z - \mathrm{j})]^3} \right\}'' = \frac{1}{2!} \lim_{z \to \mathrm{j}} \frac{12}{(z + \mathrm{j})^5} = -\frac{3}{16}\mathrm{j}.$$

Mit (5.45) erhalten wir

$$\int_{-\infty}^{\infty} \frac{\mathrm{d}x}{(1 + x^2)^3} = 2\pi\mathrm{j} \left(-\frac{3}{16}\mathrm{j} \right) = \frac{3}{8}\pi.$$

6.1: Nach Satz 6.2 ist die gebrochen lineare Abbildung kreistreu. Die Kreisschar der z-Ebene geht also in eine Kreisschar der w-Ebene über. Die gesamte Kreisschar geht als Ganzes betrachtet in sich über, die einzelnen Kreise nicht.

6.2: Nach (6.23) folgt

$$\frac{w - 0}{w + \mathrm{j}} \frac{-\dfrac{4}{3}\mathrm{j} + \mathrm{j}}{-\dfrac{4}{3}\mathrm{j} - 0} = \frac{z + 1}{z - 0} \frac{1 - 0}{1 + 1} \Rightarrow w = \frac{2\mathrm{j}(z + 1)}{-(z + 2)} .$$

6.3: Zunächst bestimmen wir den zu $z_1 = -\mathrm{j}$ gehörenden Spiegelpunkt z_3 am Kreis k. Nach (6.25) gilt dann

$$(z_3 - z_0)(\bar{z}_1 - \bar{z}_0) = r^2 \Rightarrow r_3 = z_0 + \frac{r^2}{\bar{z}_1 - \bar{z}_0} = -1 + \frac{4}{\mathrm{j} + 1} = 1 - 2\mathrm{j}.$$

Damit sind drei Punktepaare

$$-\mathrm{j} \to \mathrm{j}, \qquad 1 \to 0 \qquad \text{und} \qquad 1 - 2\mathrm{j} \to -\mathrm{j}$$

gegeben. Nach (6.23) kann dann die Abbildungsfunktion ermittelt werden:

$$\frac{w - \mathrm{j}}{w + \mathrm{j}} \frac{0 + \mathrm{j}}{0 - \mathrm{j}} = \frac{z + \mathrm{j}}{z - (1 - 2\mathrm{j})} \frac{1 - (1 - 2\mathrm{j})}{1 + \mathrm{j}} \Rightarrow w = \frac{z - 1}{z(2 + \mathrm{j}) - 2 + 3\mathrm{j}} .$$

Literatur

[1] *Albring, W.:* Angewandte Strömungslehre. 4. Aufl. Dresden: Verlag Theodor Steinkopff 1970.
[2] *Betz, A.:* Konforme Abbildung. 2. Aufl. Berlin: Springer Verlag 1964.
[3] *Bieberbach, L.:* Einführung in die konforme Abbildung. 6. Aufl. Berlin: Walter de Gruyter u. Co. 1967.
[4] *Bronstein, I. N.; Semendjajew, K. A.:* Taschenbuch der Mathematik (Neubearbeitung). 20. Aufl. Leipzig: BSB B. G. Teubner Verlagsgesellschaft 1981.
[5] *Fichtenholz, G. M.:* Differential- und Integralrechnung II (Übersetzung aus dem Russ.). 7. Aufl. Berlin: VEB Deutscher Verlag der Wissenschaften 1978.
[6] *Göldner, K.:* Mathematische Grundlagen für Regelungstechniker. 3. Aufl. Leipzig: VEB Fachbuchverlag 1970.
[7] *Greuel, O.:* Mathematische Ergänzungen und Aufgaben für Elektrotechniker. 8. Aufl. Leipzig: VEB Fachbuchverlag 1976.
[8] *Jahnke, E.; Emde, F.:* Tafeln höherer Funktionen. Nachdr. d. 5. Aufl. Leipzig: B. G. Teubner Verlagsgesellschaft 1960.
[9] *Knopp, K.:* Funktionentheorie I und II. 11. Aufl. Berlin: Walter de Gruyter u. Co. 1965.
[10] *Knopp, K.:* Elemente der Funktionentheorie. 7. Aufl. Berlin: Walter de Gruyter u. Co. 1966.
[11] *Kuntzmann, J.:* Komplexe Veränderliche. Berlin: Akademie Verlag 1970.
[12] *Lawrentjew, M. A.; Schabat, B. W.:* Methoden der komplexen Funktionentheorie. Berlin: VEB Deutscher Verlag der Wissenschaften 1967.
[13] *Priwalow, I. I.:* Einführung in die Funktionentheorie I (4. Aufl.), II (3. Aufl.) und III (3. Aufl.). Leipzig: BSB B. G. Teubner Verlagsgesellschaft 1970, 1969, 1970.
[14] *Rühs, F.:* Funktionentheorie. 3. Aufl. Berlin: VEB Deutscher Verlag der Wissenschaften 1976.
[15] *Simonyi, K.:* Theoretische Elektrotechnik. 6. Aufl Berlin: VEB Deutscher Verlag der Wissenschaften 1977.
[16] *Wunsch, G.:* Systemanalyse I, 3. Aufl. Berlin: VEB Verlag Technik 1972.
[17] *Wunsch, G.:* Feldtheorie. Berlin: VEB Verlag Technik 1975.

Namen- und Sachregister

Mathematik für Ingenieure, Naturwissenschaftler, Ökonomen und Landwirte